FORSCHUNGSBERICHTE
DES WIRTSCHAFTS- UND VERKEHRSMINISTERIUMS
NORDRHEIN-WESTFALEN

Herausgegeben von Ministerialdirektor Prof. Leo Brandt

Nr. 46

Professor Dr. phil. W. Fuchs, Aachen

Untersuchungen über die Aufbereitung von Wasser
für die Dampferzeugung in Benson-Kesseln

Als Manuskript gedruckt

SPRINGER FACHMEDIEN WIESBADEN GMBH

ISBN 978-3-663-03304-2    ISBN 978-3-663-04493-2 (eBook)
DOI 10.1007/978-3-663-04493-2

Forschungsberichte des Wirtschafts- und Verkehrsministeriums Nordrhein-Westfalen

G l i e d e r u n g

I. Zusammenfassung . . . . . . . . . . . . . . . . S. 5

II. Untersuchungen über die Bewertung von Ionenaustauschern in der Aufbereitung von Kesselspeisewasser. . . . . . . . . . . . . . . . . . S. 7

III. Untersuchungen über die Bestimmung von Kohlensäurespuren in Kesselspeisewasser . . . . . . . S. 18

IV. Entwicklung von Rechenverfahren zur Auswertung von Meßdaten . . . . . . . . . . . . S. 28

V. Bedeutung der Ergebnisse . . . . . . . . . . . S. 48

Forschungsberichte des Wirtschafts- und Verkehrsministeriums Nordrhein-Westfalen

## I. Zusammenfassung

Im Laufe der letzten Jahre hat sich im Zusammenhang mit der gewaltig gestiegenen Industrialisierung in der Bundesrepublik und insbesondere im Lande Nordrhein-Westfalen ergeben, daß die wachsenden Energiebedürfnisse völlig neuartige, in ihrer Leistung wesentlich gesteigerte, Energieerzeugungs-Anlagen notwendig gemacht haben.

In der Bundesrepublik ist immer noch Dampfkraft die wichtigste Energiequelle. Damit ist auch die Wasserwirtschaft vor ganz neue Aufgaben gestellt worden. Im Kesselbetrieb muß der sorgsamen Aufbereitung des Wassers größte Aufmerksamkeit zugewendet werden, die sich unter anderem darauf erstreckt, daß die Qualität des dem Kessel zugeführten Wassers ständig kontrolliert werden muß. Zum Betrieb der modernen Hochdruckkessel braucht man ein Wasser, das noch viel höheren Ansprüchen genügen muß, als es sonst für Kesselspeisewasser üblich war. Dies ist insbesondere schon deshalb nötig, weil zum Bau der Benson-Kessel Metall-Legierungen erforderlich sind, deren Bestandteile z.T. eingeführt werden. Infolgedessen muß man auch die Anwesenheit von sonst unschädlich erscheinenden Spuren von Elementen oder Verbindungen im Wasser aufmerksam verfolgen, sowie ferner in der Aufbereitung und Zirkulation des Wassers nach Möglichkeit automatische Regel- und Kontroll-Apparate einsetzen.

Zwei Teilaufgaben dieses Gebietes sind im vorliegenden Bericht behandelt. Diese Teilaufgaben wurden von der Vereinigung der Großkessel-Besitzer als besonders wichtig betrachtet und dem Institut zur Bearbeitung übergeben. Die eine Teilaufgabe bezieht sich auf die Ausbildung von Schnellmethoden zur Prüfung und Bewertung von Ionenaustauschern. Diese Prüfung und Bewertung ist von ausschlaggebender Bedeutung für die Projektierung von Austauscheranlagen, für die Kalkulation der Betriebskosten und die Beurteilung von Lieferangeboten. Die bisher benutzten Verfahren für die Prüfung entsprechen wegen ihrer Schwerfälligkeit und Langwierigkeit nicht der Bedeutung der Aufgabe, und es war unser Ziel, hier ein besseres und vor allem schneller funktionierendes Verfahren zu schaffen. Im Rahmen dieser Arbeit wurde unseres Wissens zum ersten Mal der Versuch gemacht, die Arbeitsweise eines Ionenaustauschers an Hand gleichzeitig gemessener Leitfähigkeits- und pH-Werte des Filtrates zu kontrollieren. Außerdem wurden einige bisher unbekannte interessante Phänomene, die in unserer Arbeit aufgetreten sind, aufgeklärt.

Als Ergebnis unserer Untersuchungen steht nunmehr eine Apparatur zur Prüfung und Bewertung von Ionenaustauschern verwendungsbereit im Chemischtechnischen Institut der Technischen Hochschule Aachen, wo sie auch von Interessenten aus der Industrie benutzt werden kann.

Die zweite Teilaufgabe bezog sich auf die Bestimmung von Kohlensäurespuren in Mengen von 0,1 bis 0,05 mg/l in Gegenwart von Ammoniak. Zum Zeitpunkt der Inangriffnahme dieser Arbeit waren Methoden bekannt, welche die Bestimmung der Kohlensäure in der Größenordnung von einigen mg/l gestatten.

Im hiesigen Institut wurden ein Verfahren und eine Apparatur entwickelt, mit deren Hilfe die Bestimmung in dem von der Vereinigung der Großkessel-Besitzer gewünschten Gebiet von 0,1 bis 0,05 mg/l durchgeführt werden konnte. Gemessen wird dabei der Total-Kohlensäuregehalt des Wassers, also außer der freien gelösten Kohlensäure auch eventuell als Karbonat gebunden vorhandene. Für den Kesselbetrieb interessiert vorwiegend die freie Kohlensäure, weil diese aggressiv (korrodierend) wirken kann. Die freie Kohlensäure läßt sich unter gewissen Bedingungen bei bekannter Totalkohlensäure und bekanntem pH rechnerisch ermitteln. Wir haben solche Berechnungen durchgeführt und die Ergebnisse graphisch festgelegt, so daß sie für eine einfache Benutzung in der Praxis zur Verfügung stehen.

Die erwähnten Berechnungen knüpfen an Untersuchungen über sogenannte "Vielkomponentengleichgewichte in Elektrolytsystemen" an. Um solche handelt es sich bei unseren Untersuchungen. Kesselspeisewasser kann ja noch eine Vielzahl verschiedener Salze und Gase gelöst enthalten. Für die Untersuchung der Verhältnisse in derartigen Wässern bedienen wir uns eines Verfahrens, das in dem folgenden Bericht näher beschrieben wird und das sich bei unseren Arbeiten als sehr geeignet erwiesen hat. Es ist im wesentlichen eine eigene Weiterentwicklung eines amerikanischen Verfahrens aus dem Jahre 1947, das sich allerdings auf Gasgleichgewichte bezieht.

Auch für die Bewertung der Ionenaustauscher haben wir ähnliche Rechnungen durchgeführt und die Ergebnisse in leicht übersichtliche graphische Darstellung gebracht.

Forschungsberichte des Wirtschafts- und Verkehrsministeriums Nordrhein-Westfalen

## II. Experimentelle Untersuchungen über die Schnellbewertung von Ionenaustauschern

### 1. Die Vorbehandlung der Austauscher

Die zur Vorbehandlung der Austauscherprobe notwendige Quellung dauert zwischen 12 und 48 h. In den Begriff einer Schnellmethode gehört aber auch eine schnelle Vorbereitung des Materials.

Wie alle chemischen Reaktionen, sollte auch die Geschwindigkeit des Quellens durch erhöhte Temperatur erhöht werden. Dies fanden wir durch eine Reihe von Versuchen mit Harzaustauschern bestätigt.

Eine Austauscherprobe erreicht nach 30 Minuten in Wasser von 100°C dasselbe Schüttgewicht (in kaltem Wasser gemessen) wie eine andere Austauscherprobe nach 12-15stündigem Stehen in Wasser bei 25°C (Tabelle 1).

### Tabelle 1
Abkürzung der Quelldauer durch Anwendung höherer Temperaturen

| Handelsname | Vol. lufttrocken $cm^3$ | Quelltemperatur $°C$ | Vol.n. 15 Min. in $H_2O$ $cm^3$ | Vol.n. 48h in $H_2O$, 20°C $cm^3$ | Austauscherart |
|---|---|---|---|---|---|
| Lewatit KS | 10 | 50 | 10,7 | 10,7 | Kunsthz. |
| Lewatit KSB | 10 | 50 | 11,0 | 11,0 | " |
| Lewatit PN | 10 | 95 | 12,4 | 12,4 | " |
| Permutit RS | 10 | 100 | 19,2 | 19,1 | " |
| Nalcite HCR | 10 | 100 | 20,1 | 20,1 | " |
| Permutit S | 10 | 60 | 14,4 | 14,5 | Kohle |
| Nekrolith RA | 10 | 98 | 15,0 | 15,2 | " |
| Lewatit M | 10 | 30 | 10,0 | 9,9 | Kunsthz. |
| Permutit E | 10 | 40 | 17,3 | 17,4 | " |

Die in Tabelle 1 benutzte Angabe des Volumens der Austauscherprobe vor und nach dem Quellen erwies sich als die beste und einfachste Methode zur Kontrolle der Quellung. Die von uns zu diesem Zweck untersuchten anderen Methoden, pyknometrisch gemessene Dichten, Wassergehaltsbestimmung nach der Xylolmethode und die direkte Wassergehaltsbestimmung durch Wägung, erwiesen sich entweder als zu schwierig, zu kompliziert oder zu ungenau. Die Volumenmessungen wurden in Meßzylindern ausgeführt wobei das Material durch Klopfen des Gefäßes auf eine Filzunterlage möglichst dicht zusammengestaucht wurde. Die Messungen erfolgten vor der Quellbehandlung im lufttrockenen Zustand des Materials, und nachher am gequollenen Austauscher mit überstehendem Wasser von Raumtemperatur. Der durch Auftrieb in Wasser entstehende Meßfehler konnte unberücksichtigt bleiben, da er in allen Fällen gleich ist.

Bei den Austauschern, die laut Angabe der Hersteller nicht bis 100°C beständig sind, wurde die höchstzulässige Temperatur bei der Quellbehandlung eingestellt und auch da zeigte sich die Zeit von 15 Minuten zur Erreichung der endgültigen Quellung als ausreichend.

In weiteren Versuchen wurde die Regeneration mit der Quellung verknüpft, indem die Quellung statt in Wasser in dem entsprechenden Regenerationsmittel vorgenommen wurde (bei H-Austauschern 7,5 %ige Salzsäure; bei OH-Austauschern 10 %ige Sodalösung). Zur Erreichung einer vollständigen Regeneration wurde dabei der Quell- und Regenerationsvorgang in dreimal je 5 Minuten in jeweils frischer Lösung aufgeteilt. Ergebnisse in Tabelle 2.

Die aus Tabelle 2 zu ersehenden Unterschiede in den Quellvolumen nach der Behandlung mit Regenerationsmitteln bzw. Wasser zeigen die alte Erfahrung bestätigt, daß das Quellvolumen eines Austauschers von seiner Beladung abhängt. Mit den an den austauschenden Gruppen gebundenen Ionen ändert sich die Hydration, was sich im Quellvolumen ausdrückt.

Entscheidend ist allein, daß bei der Quellbehandlung das jeder Austauscherform zukommende maximale Volumen erreicht wird; dies ist mit den von uns angewandten Mitteln in 15 Minuten möglich.

## 2. Entwicklung der Apparatur zur Prüfung der Austauscher

Das Ziel der Versuche war, eine einfache, kurze und reproduzierbare Prüfmethode für Ionenaustauscher zu entwickeln, d.h. möglichst ohne die bisher üblichen, in kurzen Abständen zu wiederholenden Titrationen auszukommen. Da in diesem Rahmen nur Wasserstoff- und Hydroxyl-Austauscher untersucht werden sollten, boten sich zur Überwachung der Austauscher-

## Tabelle 2
### Kombinierte Schnellquellung und Regeneration von Ionenaustauschern. Behandlung mit Regenerationsmittel bei höchstzulässiger Temperatur dreimal 5 Minuten

a) Kationenaustauscher (Wasserstoffaustauscher)
   Regenerationslösung = 7,5 % HCl-Lösung

| Austauscher | Vol. lufttrocken $cm^3$ | Temp. $°C$ | err. Vol. $cm^3$ | Vol.n. 48h im Reg.Mitt. b. $20°C$ $cm^3$ | Austauscher-Art |
|---|---|---|---|---|---|
| Lewatit KS   | 10 | 50  | 10,4 | 10,4 | Kunsthz. |
| Lewatit KSB  | 10 | 50  | 10,5 | 10,8 | " |
| Lewatit PN   | 10 | 95  | 11,3 | 11,3 | " |
| Lewatit C    | 10 | 30  | 7,7  | 7,0  | " |
| Permutit RS  | 10 | 100 | 17,8 | 17,8 | " |
| Nalcite HCR  | 10 | 100 | 19,7 | 20,1 | " |
| Nekrolith RA | 10 | 98  | 12,3 | 12,4 | Kohle |
| Permutit S   | 10 | 60  | 12,9 | 13,0 | " |

b) Anionenaustauscher (OH-Austauscher)
   Regenerationslösung = 10 % Soda-Lösung

| Lewatit M   | 10 | 30 | 9,5  | 9,5  | Kunsthz. |
| Nalcite SAR | 10 | 40 | 14,9 | 15,1 | " |
| Permutit E  | 10 | 40 | 11,5 | 11,7 | " |

Filtrate zwei einfache elektrochemische Messungen an, nämlich die pH-Werte und die Leitfähigkeiten des ausgetauschten Wassers.

Wenn ein Rohwasser über einen Wasserstoff-Austauscher filtriert wird, werden je nach Wirkungsgrad des Austauschers mehr oder weniger Kationen gegen Wasserstoff-Ionen ausgetauscht, was sich sowohl im pH-Wert, als auch in der Leitfähigkeit des Filtrates feststellen läßt, da die Wasserstoff-Ionen von allen Kationen die größte Beweglichkeit haben. Man muß dabei beachten, daß die pH-Änderung dem Logarithmus der Wasserstoffionen-Konzentration proportional ist, wogegen die Leitfähigkeitsänderung direkt mit der Änderung der Konzentration an Wasserstoff-Ionen proportional verläuft.

*Forschungsberichte des Wirtschafts- und Verkehrsministeriums Nordrhein-Westfalen*

Das Gleiche gilt auch für den Hydroxyl-Austausch, da die Hydroxylionen unter den Anionen die gleiche Sonderstellung bezüglich ihrer Beweglichkeit einnehmen.

Die ersten Leitfähigkeitsmessungen an Austauscher-Filtraten zeigten, daß deren Leitfähigkeiten von denen der betreffenden Rohwässer sehr verschieden sind und man damit das Ende der Wirksamkeit des Filters einfach und automatisch ermitteln kann. Ganz analoge Ergebnisse wurden mit pH-Wert-Messungen erzielt.

Für systematische Messungen wurde eine Apparatur entwickelt, in der die beiden Meßverfahren kombiniert und automatisiert sind. Dabei wurde folgender Weg beschritten.

Zur Messung von Leitfähigkeit und pH-Wert standen automatisch registrierende Geräte zur Verfügung, die mit besonderen Meßzellen ausgestattet wurden, die es erlauben, beide Messungen kontinuierlich in einer strömenden Flüssigkeit auszuführen. Um jedoch die auf den Schreibgeräten mit den Meßwerten registrierten Zeiten direkt als Flüssigkeits-Volumen ausdrücken zu können, mußte zunächst die Strömungsgeschwindigkeit durch das Austauscher-Filter absolut konstant gemacht werden. Die Versuche hierzu ergaben, daß während längerer Filtration von Rohwasser über Austauscher-Filter mit Strömungsrichtung von oben nach unten im Filter Durchlässigkeitsänderungen auftreten können. Diese Durchlässigkeitsänderungen kommen dadurch zustande, daß die im Rohwasser enthaltene Luft und etwaige, während der Austausch-Reaktion entwickelte Gase ($CO_2$ beim H-Austausch), sich in der Filtermasse absetzen und das Filter verdichten, wobei die Durchlässigkeit vermindert wird. Außerdem wird als Folge davon die Austauschermasse nicht mehr gleichmäßig vom Wasser durchströmt, sodaß die Messung der Leistungsfähigkeit des Filters falsche Werte ergibt.

Nach Einbau eines Spiralrührers aus Glas, der die Filtermasse während des Versuches in ständiger Bewegung hält, wurde zwar die gleichmäßige Ausnutzung des Austauschers erzielt, aber die Durchlässigkeitsänderung konnte damit noch nicht verhindert werden. Es ließ sich erkennen, daß die Gasblasen im Filter durch die nach unten strömende Flüssigkeit am Aufsteigen gehindert werden und somit das Filter verstopften.

Diese Schwierigkeit konnte durch Änderung der Durchlauf-Richtung sofort behoben werden, denn so werden die gebildeten Gasblasen von der Flüssigkeit aus der Filtermasse befördert. Das Prinzip der Bewegung des Austauschers mit dem Spiralrührer wurde zum Zwecke der gleichmäßigen Filter-Beladung beibehalten. Die so entwickelte Austauscher-Zelle wurde später noch nach einem Vorschlag von VOGT[1] umgestaltet. Sie ist als Heber gebaut und dadurch in der Lage alle eventuell noch auftretenden Durchlässigkeitsänderungen im Filter sicher zu kompensieren.

## 3. Beschreibung der Apparatur

Der Zulauf des Rohwassers zum Austausch-Filter erfolgt aus einem hochgelegenen Gefäß, das mit einem Überlauf versehen ist und worin durch eine kleine Membranpumpe ein konstantes Niveau aufrecht erhalten wird. Die Zulaufgeschwindigkeit wird durch einen Hahn reguliert und in einem Rota-Strömungsmesser gemessen; sie läßt sich zwischen 0,5 und 6,5 l/h variieren.

Nach Durchfließen des Austausch-Filters gelangt das Wasser in den Meßteil der Anordnung, wo es nacheinander die Meßzellen für pH-Wert und Leitfähigkeit durchströmt. Danach kann der Flüssigkeitsablauf entweder in Auffanggefäße (zur eventuellen Analyse) oder zum Ausguß-Becken geleitet werden.

Zur pH-Messung wird ein stark gegengekoppelter Kathodenverstärker Typ GVK N2 der Fa. Dr. A. Kuntze, Düsseldorf, verwendet, der das an Glas- und Kalomel-Elektroden anfallende Potential verstärkt und anzeigt, und von dem es an einen Drehspul-Punktschreiber mit 20 sek. Schreibintervall, 20 mm Papiervorschub/h und 120 mm Schreibbreite übermittelt wird. Die verfügbare Schreibbreite wird entweder für pH 1-8 oder 6-14 ganz ausgenutzt.

Die Leitfähigkeitsmessung erfolgt durch eine von der Fa. Dr. A. Kuntze speziell angefertigte Meßbrücke, die mit Wechselstrom von der Frequenz 1000 Hz arbeitet. Die Messung kann in 6 Bereichen erfolgen die wie folgt angeordnet sind:

$$0,1 - 0,3 \text{ mS}$$
$$0,3 - 1,0 \text{ mS}$$
$$1,0 - 3,0 \text{ mS}$$
$$3,0 - 10 \text{ mS}$$
$$10 - 30 \text{ mS}$$
$$30 - 100 \text{ mS}$$

---

[1] W. VOGT; Chem. Ing. Techn., **23**, 580 (1951)

Für jeden Meßbereich steht am Ablesegerät die gesamte Skala von 100 mm = 100 Teilstrichen und die gesamte Schreibbreite des angeschlossenen Drehspul-Punktschreibers (gleiches Modell wie zur pH-Messung, nur andere Empfindlichkeit für Eingangsspannung) zur Verfügung. Als Leitfähigkeitsmeßzelle dient die normale Strömungszelle der Fa. Elektro-Spezial, Hamburg, mit fixierten, platinierten Platin-Elektroden und einer Kapazität $\frac{l}{q} = 1,45 \text{ cm}^{-1}$. Die Temperaturmessung erfolgt unmittelbar in der Leitfähigkeits-Meßzelle durch ein eingetauchtes, in $1/10^°$ C unterteiltes Thermometer.

| | | | |
|---|---|---|---|
| a,b,c,d,e,f | Rohrleitungen | P | Membranpumpe |
| 1 - 7 | Glashähne | M | Rotamesser |
| $R_1, R_2, R_3$ | Flüssigkeitsbehälter | W | Auffanggefäß |
| $A_1, A_2$ | Austauschzellen | G | Wasserablauf |
| pH, K | Meßzellen | S | Spiralrührer |

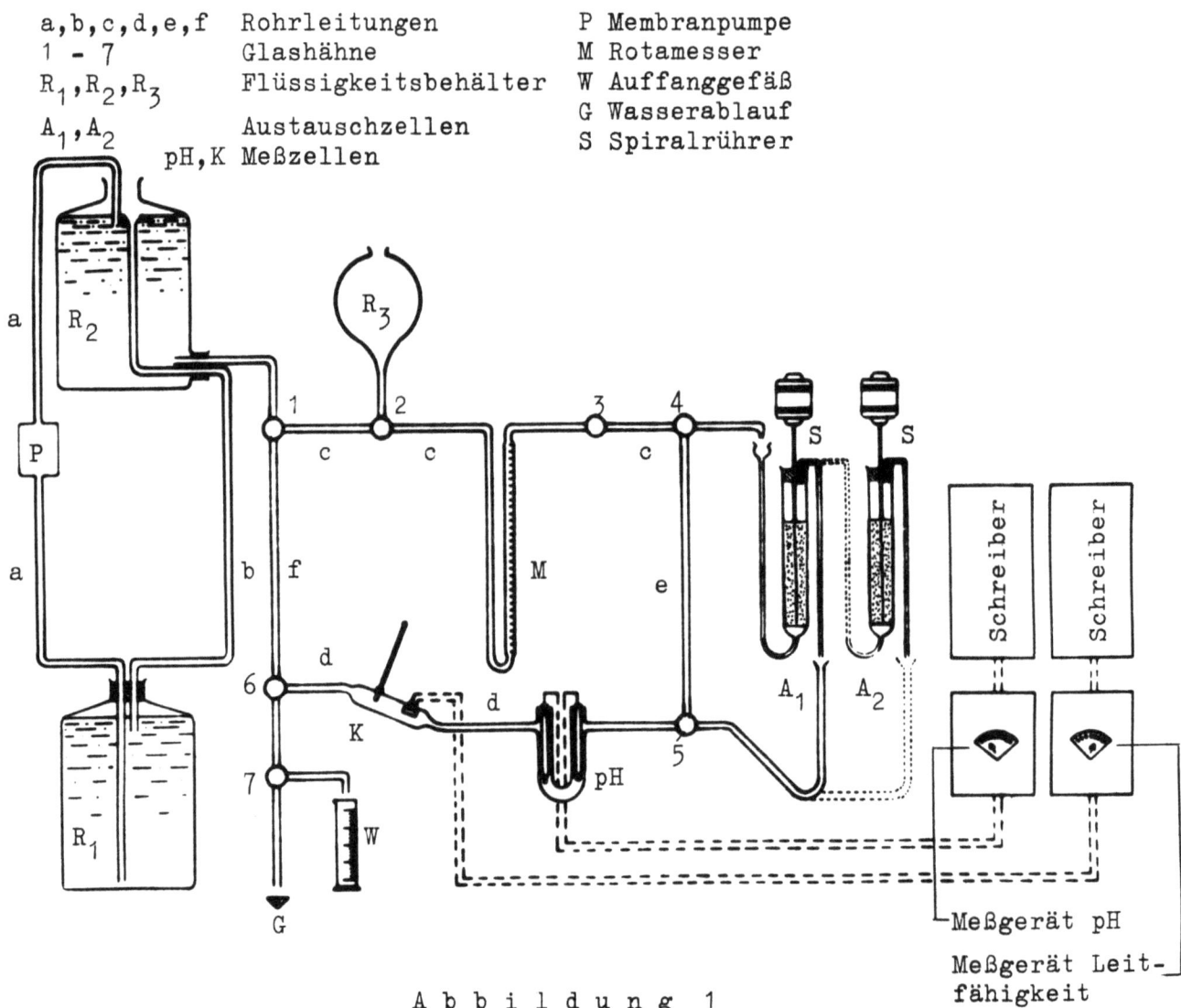

Abbildung 1
Versuchsanordnung zur Prüfung von Ionenaustauschern

Forschungsberichte des Wirtschafts- und Verkehrsministeriums Nordrhein-Westfalen

Das zum Versuch verwendete Rohwasser befindet sich im Vorratsbehälter $R_1$ (Fassungsvermögen 5 l) und wird durch die elektrische Membranpumpe P in Leitung a (Umlaufpumpe für Automobil-Heizungen, Fabrikat "Tecalemit" 12 Volt) in das hochgelegene Niveau-Gefäß $R_2$ (Fassungsvermögen 3 l) gefördert. Der Förderüberschuß fließt durch Rohrleitung b in $R_1$ zurück, durch Leitung c gelangt das Rohwasser über 3-Wege-Hahn (1) und (2) in den Rotamesser M. Die Strömungsgeschwindigkeit wird mit dem Durchgangshahn (3) eingestellt. Das Wasser gelangt weiter über 3-Wege-Hahn (4) in die Austausch-Zelle $A_1$ und von da aus wahlweise entweder noch in die zweite Austausch-Zelle $A_2$ oder direkt in die Rohrleitung d in der sich die Meßzellen für pH (pH) und Leitfähigkeit (K) befinden. Am Ende der Rohrleitung d ist der 3-Wege-Hahn (7) angebracht, durch den das abfließende Wasser entweder zum Ausguß G oder in das Auffanggefäß W geleitet werden kann. Die Meßwerte des Rohwassers lassen sich ermitteln, indem man das Wasser über Hahn (4) durch die Rohrleitung e nach Hahn (5) unter Umgehung der Austauschzellen strömen und durch die Meßzellen fließen läßt. Die zwischen den Hähnen (1) und (6) liegende Rohrleitung f dient zum Entleeren bzw. luftfreien Füllen der Apparatur. Aus dem Vorratsgefäß $R_3$ (Fassungsvermögen 1 l) kann über Hahn (2) Regenerations- oder Spülmittel in die Apparatur gebracht werden.

Die in den Austauschzellen luftdicht eingeführten Spiralrührer (S) werden durch kleine Elektromotoren angetrieben, deren Tourenzahl mit Dreh-Widerständen regelbar ist.

Die Stromversorgung für alle zum Meßteil gehörenden Geräte erfolgt über einen magnetischen Spannungskonstanthalter aus dem 220 Volt $\sim$ Netz.

### 4. Versuchsdurchführung

Von dem gemäß Abschnitt 1. vorbehandelten Austauscher werden 20 $cm^3$ abgemessen und mit destilliertem Wasser in die Austauschzelle eingeschlämmt. Nun wird mit destilliertem Wasser so lange unter Rühren gespült, bis die Leitfähigkeit des Filtrates unter 0,1 mS abfällt. Darauf kann der eigentliche Versuch mit dem Rohwasser beginnen, wobei die gewünschte Strömungsgeschwindigkeit eingestellt und die Schreiber eingeschaltet werden. Solange sich die Meßwerte im Filtrat stark ändern, bis die für längere Zeit konstanten Werte erreicht werden, müssen die Meßgeräte in die entsprechenden Bereiche reguliert werden. Während der Arbeitsperiode bedarf die Apparatur keiner Überwachung; erst wenn sich bei beginnender Erschöpfung des Filters die Meßwerte wieder ändern, muß die Einstellung der betreffenden Meßbereiche vorgenommen werden. Nach Beendigung des Versuches können die registrierten Messungen ausgewertet werden. Die Regeneration kann anschließend in der Apparatur vorgenommen werden, wobei auch der Regenerationsvorgang durch fortlaufende Messungen genau verfolgt werden kann. Mit der darauf folgenden Spülung beginnt das Verfahren wieder wie geschildert. Falls Analysen des Filtrates erwünscht sind, können die Proben nach Belieben nach Durchlaufen der Apparatur entnommen werden.

Die Dauer eines Versuches richtet sich nach der zwischen 20 und 50 $cm^3$ wählbaren eingesetzten Austauschermenge, seiner Kapazität, dem Salzgehalt des Rohwassers und der angewandten spezifischen Belastung. Die Versuchsdauer entspricht bei Einhaltung der für den praktischen Betrieb der Austauscher vorgeschriebenen Daten, genau den Bedingungen der Praxis.

## 5. Ergebnisse der elektrochemischen Messungen

Gemäß der in Abschnitt 2. gemachten Ausführungen wurde erwartet, daß mit der Erschöpfung der Austauscher die Meßwerte den Verlauf gem. Abb. 2 und 3 nähmen. D.h. die für die volle Wirksamkeit der Austauscher charakteristischen Meßwerte des Filtrates sollten erwartungsgemäß mit fortschreitender Erschöpfung des Filters eine kontinuierliche Änderung zu den zum Rohwasser gehörenden Meßwerten erfahren.

Bei den Messungen unter Verwendung von Aachener Leitungswasser (Gesamthärte = $17°d$ Karbonathärte = $12°d$) ergaben sich jedoch stets Kurven vom Typ der Abb. 4 für den H-Austausch, und vom Typ der Abb. 5 für den OH-Austausch, und zwar erwiesen sich diese Kurven als unabhängig von der Art der verwendeten H- bzw. OH-Austauscher.

Die pH-Kurve nimmt den erwarteten Verlauf, wogegen in der Leitfähigkeitskurve zwischen den Werten für das optimale Filtrat und das Rohwasser ein scharfes Leitfähigkeitsminimum auftritt, dessen ansteigender und abfallender Ast etwa gleich schnell durchlaufen werden. Erst danach nähert sich der Leitfähigkeitswert langsam dem des Rohwassers.

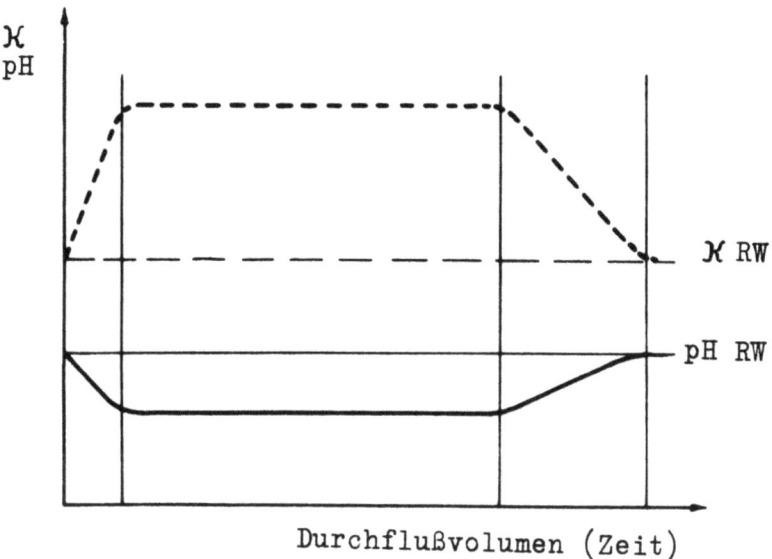

Abbildung 2

Erwartete $\varkappa$ - und pH-Kurven für den $H^+$-Austausch

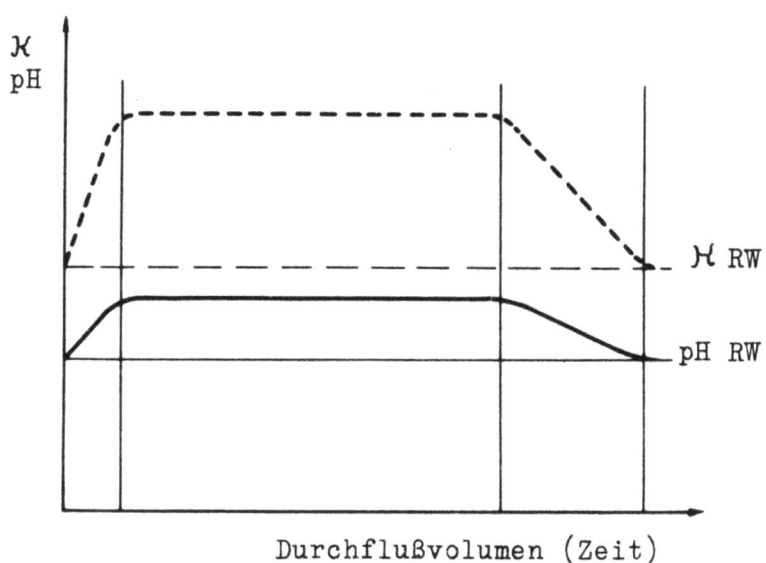

Abbildung 3

Erwartete $\varkappa$ - und pH-Kurven für den $OH^-$-Austausch

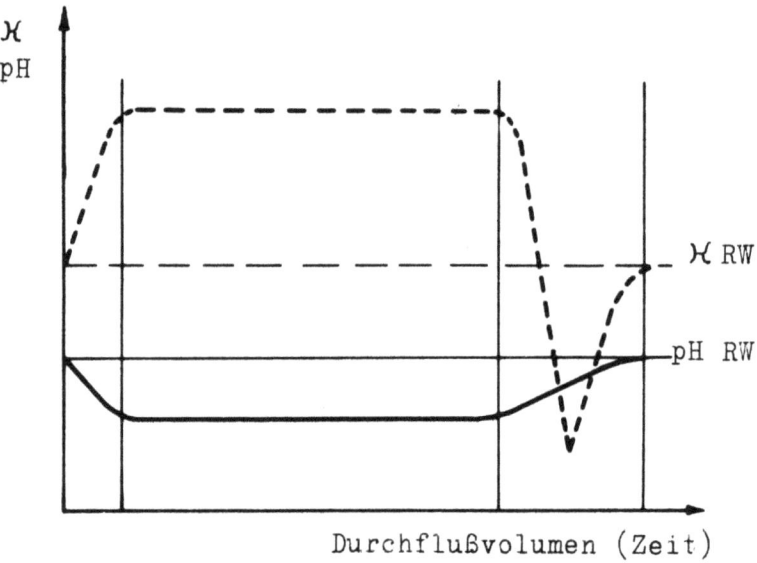

Abbildung 4

Gemessene $\varkappa$ - und pH-Kurven für den $H^+$-Austausch

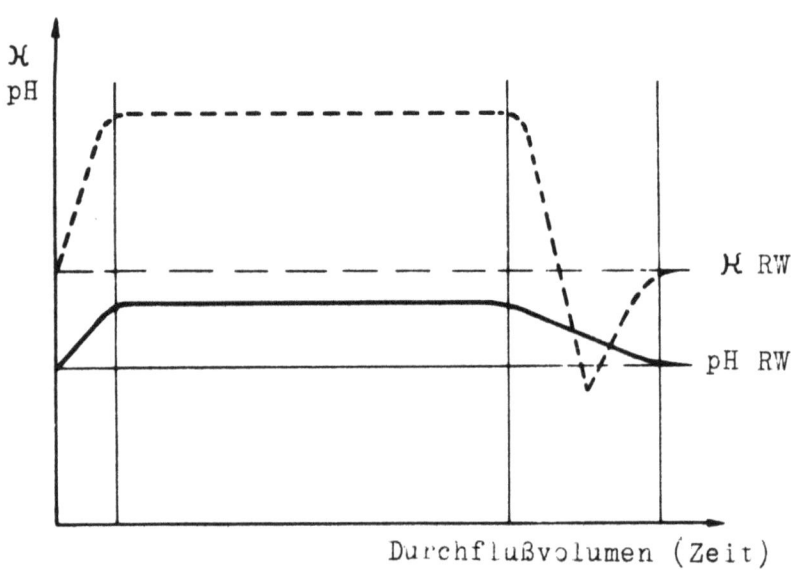

Abbildung 5

Gemessene $\varkappa$ - und pH-Kurven für den OH'-Austausch

*Forschungsberichte des Wirtschafts- und Verkehrsministeriums Nordrhein-Westfalen*

Untersucht wurden dabei folgende
<u>Kationenaustauscher</u> (als H-Austauscher):

Lewatite: KS, PN, KSB, C
Permutite: RS, S, H
Nalcite: HCR
Nekrolith: RA

<u>Anionenaustauscher</u> (als OH-Austauscher):

Lewatite: M, $M_1$, $M_2$
Permutite: E, ES
Nalcite: SAR

Die nähere Untersuchung des neuen, bisher in der Literatur nicht beschriebenen Phänomens in der Leitfähigkeitskurve ergab, daß es nur bei Benutzung von Leitungswasser als Rohwasser auftritt, wogegen künstlich bereitete Salzlösungen von NaCl; $CaCl_2$; $Ca(HCO_3)_2$; $Mg(HCO_3)_2$; NaCl + $CaCl_2$; NaCl + $MgCl_2$; und mehreren anderen Salzen und Salzpaaren, Kurven gemäß Abb. 2 bzw. 3 ergaben.

In einer großen Versuchsreihe wurde die Feststellung gemacht, daß die Kombination von NaCl mit $Na_2CO_3$ in wässeriger Lösung den Effekt des Leitfähigkeitsminimum ergab, bei Filtration über einen H-Austauscher, jedoch nicht bei Anwendung des OH-Austausches. Dasselbe zeigte sich bei jeder anderen Zusammenstellung eines Mineralsalzes mit einem Salz der Kohlensäure, z.B. NaCl + $Ca(HCO_3)_2$; $CaCl_2$ + $Ca(HCO_3)_2$; $MgCl_2$ + $Mg(HCO_3)_2$ u.a. mehr.

Daraus konnte gefolgert werden, daß das unter den geschilderten Versuchsbedingungen auftretende Leitfähigkeitsminimum eine Erscheinung ist, die nur bei gleichzeitiger Anwesenheit von Mineralsalz und Karbonat (oder Bikarbonat) im Rohwasser auftritt, wenn dieses über einen H-Austauscher filtriert wird.

Das beobachtete Leitfähigkeitsminimum tritt erst dann auf, wenn die Konzentration an Kationen im Filtrat etwa wieder halb so groß ist, wie im Rohwasser, d.h. wenn der Austauscher nur noch etwa die Hälfte der im Rohwasser vorhandenen Kationen gegen H-Ionen austauscht.

Für das Minimum in der Leitfähigkeitskurve für den OH-Austausch wurde als Voraussetzung die gleichzeitige Anwesenheit von Ca- und Mg-Salzen im Rohwasser ermittelt. Bei allen anderen untersuchten Lösungen und Kombinationen trat der Effekt nicht auf. Das beim OH-Austausch von $Ca^{++}$ und $Mg^{++}$-haltigem Wasser auftretende Minimum wird gleichzeitig mit etwa der Hälfte der ursprünglichen Anionenmenge im Filtrat beobachtet. Der Kurvenverlauf im Minimum ist jedoch weniger steil und scharf als im Falle des H-Austausches

Die elektrochemisch kontrollierten Austauschversuche ergaben, daß man die laboratoriumsmäßige Prüfung und auch den technischen Betrieb von H- und OH-Austauschern nach dem hier angewandten Prinzip durchführen kann.

## III. Untersuchungen über die Bestimmung von Kohlensäurespuren in Kesselspeisewasser

### 1. Allgemeines

Bei dem von uns entwickelten Verfahren wird der Total-$CO_2$-Gehalt des Wassers in einer geschlossenen Apparatur gemessen, wie dies bereits in früher bekannten Verfahren der Fall ist[1]. Höhere Empfindlichkeiten wurden durch die Verwendung elektrischer Arbeitsmethoden erreicht.

### 2. Beschreibung der Apparatur

Der Aufbau der Apparatur ist in Abb. 6 schematisch dargestellt.

Das Austreibungsgefäß A ist ein Fünfhalskolben von 750 $cm^3$ Inhalt aus Jenaer Glas. In den mittleren Hals ist der Kühler B eingesetzt. Dieser hat einen Doppelmantel und eine hängende Kühlspirale. Eine gute Kühlwirkung ist erforderlich, weil der Dampf mit relativ hoher Geschwindigkeit durch den Kühler gepumpt wird.

In den vier Nebenhälsen des Austreibungsgefäßes sitzen in Schliffen folgende Apparateteile:

a) Das Gaseinleitungsrohr mit Igel, an welches mit Vakuumschlauch die Umwälzpumpe angeschlossen wird. Im Einleitungsrohr ist ein Rückschlagventil, welches verhindert, daß bei stillstehender Pumpe durch den Dampfdruck Wasser in die Pumpe gedrückt wird.

---

[1] F.E. CLARKE; Anal. Chem. 19, 889, (1947)

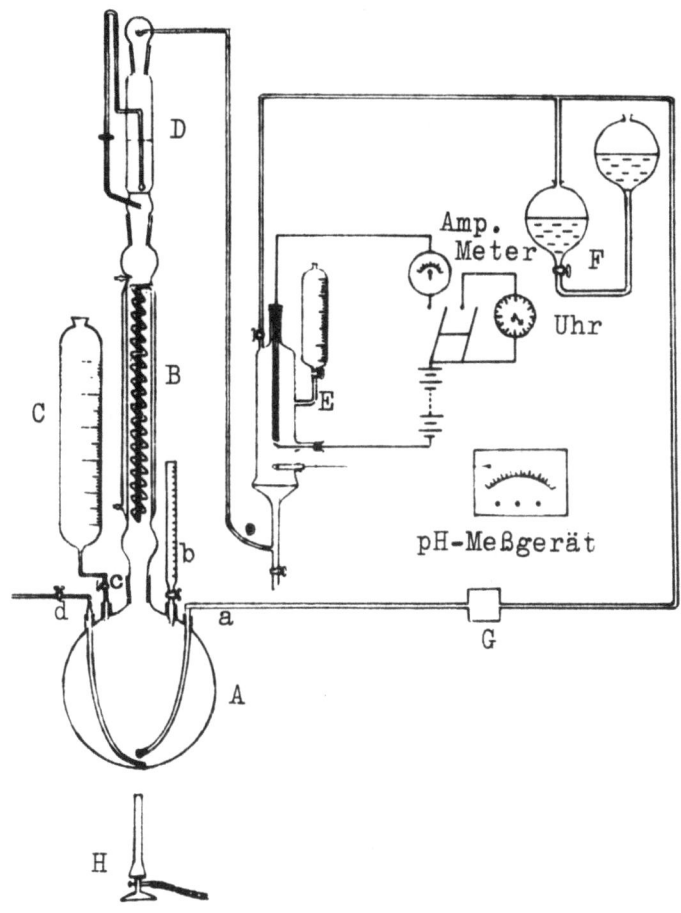

Abbildung 6
Apparatur zur Bestimmung der Total-Kohlensäure in Wasser

b) Eine graduierte Bürette mit 15 cm$^3$ Gesamtinhalt für Schwefelsäure.

c) Ein Anschluß-Stück mit Hahn. Dieses Anschluß-Stück ist durch eine Gummischlauchverbindung mit dem Vorratsgefäß C verbunden. Das Vorratsgefäß ist graduiert und faßt ca. 1 Liter. In ihm befindet sich das zu untersuchende Wasser.

d) Das Absaugerohr. Dieses Absaugerohr ist zu einer Spitze ausgezogen, die auf dem Boden des Gefäßes aufsitzt. Am anderen Ende befindet sich ein Hahn und der Vakuumschlauchanschluß zur Wasserstrahlpumpe. Am gleichen Schliff befindet sich noch ein Anschluß-Stutzen mit Hahn. Hier kann mit Gummischlauch eine Bürette für Eichlösungen und Wasserproben mit hohem $CO_2$-Gehalt angeschlossen werden.

Auf den Kühler ist, wiederum mit Schliffverbindung, eine Spezialwaschflasche D aufgesetzt. In der äußeren Zuleitung befindet sich ein Dreiwegehahn. Außer der normalen Durchgangsverbindung gestattet dieser wahlweise, die Waschflasche oder das Austreibungsgefäß mit der Außenatmosphäre zu verbinden. Zur Erzielung einer guten Gasverteilung ist die Waschflasche zur Hälfte mit massiven Glaskugeln gefüllt. Ihr Ausgang ist durch Vakuumschlauch mit dem Absorptionsgefäß E verbunden. Der Boden dieses Gefäßes besteht aus einer Glasfritte von 50 mm Durchmesser. Im unteren Zuleitungsrohr befindet sich ein Ablaßhahn, an welchem Absorptionsflüssigkeit abgelassen werden kann. Ein mit Schliff versehener Seitenansatz dient zur Aufnahme der kombinierten Stabelektrode des pH-Meßgerätes. Ein weiterer Ansatz nimmt die Kathode der Elektrolysiereinrichtung auf. Als Anode dient ein Kohlestab, der mit einem Messingkopf in ein Glasrohr eingehängt ist, das mit Schliffverbindung von oben in das Absorptionsgefäß eingesetzt ist. Es ist unten schräg abgeschnitten und durch eine Kollodium-Membran verschlossen. An dem Absorptionsgefäß ist seitlich ein Vorratsgefäß angebracht, aus dem Absorptionslösung eingelassen werden kann. Am Kopf befindet sich das Gasableitungsrohr mit Absperrhahn. Von hier führt eine Schlauchverbindung zu der Überdruckausgleichvorrichtung F. Diese besteht aus zwei Scheidetrichtern, die miteinander verbunden sind. Ein Scheidetrichter ist offen, der andere mit einem Gummistopfen verschlossen, in den ein T-Stück aus Glasrohr eingesetzt ist. Der letztere Scheidetrichter ist so tief aufgehängt, daß die Oberfläche der darin befindlichen Absperrflüssigkeit dicht unter dem oberen Rand liegt, wenn sie im zweiten Scheidetrichter gerade im unteren Einlaß steht.

Das Gas wird durch das Querrohr des T-Stückes getrieben. Wenn ein Überdruck auftritt, wird Absperrflüssigkeit aus dem tiefer gelegenen Gefäß in das höhere gedrückt, wodurch zusätzliches Volumen frei wird. An das T-Stück ist mit Vakuumschlauch die Saugseite der Pumpe G angeschlossen.

Als Umwälzpumpe benutzen wir eine elektrische Brennstoffpumpe, wie sie für größere Verbrennungsmotoren gebaut werden. (Membranpumpe mit Magnetantrieb für Gleichspannungen von 12 Volt). Die Wasserprobe wird mit einem Ultrarotstrahler (Bühlerbrenner) erhitzt.

Die messende Verfolgung des Absorptionsvorganges geschieht potentiometrisch mit einer kombinierten Glas-Kalomelektrode in Verbindung mit dem Metrohm pH-Meßgerät Type E 157.

Der Elektrolysierstrom wird einer Akkumulatorenbatterie entnommen, die

Forschungsberichte des Wirtschafts- und Verkehrsministeriums Nordrhein-Westfalen

aus vier hintereinander geschalteten Bleiakkumulatoren von je 6 Volt Spannung besteht. Versuche, den Elektrolysierstrom über Gleichrichter aus dem Netz zu entnehmen, scheiterten daran, daß damit die Elektrolyse-Vorrichtung über das Netz bzw. die Erde mit dem pH-Meßgerät gekoppelt wird.

Weiter gehören zur Apparatur ein Milliampèremeter (Meßbereich 100 mA; Klasse 1,5) und außerdem verschiedene Schalter und Regelwiderstände. Mit dem Einschalten des Elektrolysestromes wird automatisch die elektrische Additionsstoppuhr eingeschaltet. Diese Uhr springt nicht selbsttätig in Nullstellung zurück, sondern addiert alle Zeiten auf und kann bei Beendigung der Messung von Hand in Nullstellung gebracht werden.

### 3. Wirkungsweise der Apparatur

Als erstes entfernt man die Kohlensäure aus der Apparatur, indem man einige Zeit die Pumpe laufen läßt. Die Luft wird dabei durch das Absorptionsgefäß gepumpt, wo die Kohlensäure entfernt wird. Dann wird der Dreiwegehahn umgestellt, so daß das Austreibungsgefäß mit der Außenatmosphäre verbunden ist. Läßt man jetzt Wasser aus dem Vorratsgefäß in den Apparat einlaufen, so wird Luft verdrängt und tritt durch den Dreiwegehahn aus. Später schaltet man den Dreiwegehahn auf Durchgang und läßt aus der kleinen Vorratsbürette etwas Schwefelsäure ($\sim$ 0,25n) zulaufen, um gebundene Karbonate zu lösen.

Dann heizt man an, nachdem vorher der Kühler eingeschaltet wurde.

Beim Erwärmen tritt das Überdruckgefäß in Tätigkeit. Aus dem tiefer gelegenen Scheidetrichter wird Absperrflüssigkeit in den höheren gedrückt. Als Absperrflüssigkeit benutzt man gut ausgekochtes destilliertes Wasser, dem etwas Kupfersulfat zugesetzt ist.

Den höchsten Stand erreicht die Absperrflüssigkeit im oberen Scheidetrichter, wenn die Wasserprobe einige Zeit siedet. Von nun ab darf während der ganzen weiteren Messung der Wasserspiegel im oberen Scheidetrichter nicht sinken.

Wenn die Wasserprobe kräftig siedet, wird die Pumpe eingeschaltet. Der Wasserdampf wird im Kühler kondensiert. In der Waschflasche befindet sich 50 %ige Schwefelsäure, die dem Luftstrom basische Bestandteile entzieht.

In dem Absorptionsgefäß befinden sich 300 cm$^3$ einer Lösung, die 10 g Bariumchlorid auf einem Liter Wasser enthält. Diese Absorptionslösung hat, wenn sie frisch hergestellt ist, einen pH von etwa 6,5 bis 7,0. Vor der Durchführung einer Messung wird sie auf einen Wert oberhalb 7 titriert (7,2 bis 7,6). Die Titration erfolgt coulometrisch, also durch Elektrolyse. Wenn nämlich der Elektrolysestrom eingeschaltet wird, so entsteht an der in der Absorptionslösung befindlichen Kathode freies Barium, das mit Wasser zu Bariumhydroxyd reagiert. Dabei steigt der pH, was am pH-Meßgerät verfolgt werden kann.

An der Anode wird die Flüssigkeit sauer. Größere pH-Differenzen müssen vermieden werden, um Diffusion durch die Kolloidiummembran klein zu halten. Dazu wird das Anodenrohr mit einem Brei gefüllt, den man durch Aufschlämmen von Bariumkarbonat in einer Kochsalzlösung herstellt.

In der Nähe des pH 7 reagiert die potentiometrische Anzeige besonders empfindlich bei Absorption von Kohlensäure. Einer der ganz wesentlichen Vorteile des neuen Verfahrens ist der, daß man den Absorptionsvorgang messend verfolgen kann.

Nach der Absorption passiert der Luftstrom das T-Rohr über der Druckausgleichvorrichtung und die Pumpe und belädt sich im Austreibungsgefäß erneut mit Kohlensäure.

Während des Umpumpens, sowie der pH der Absorptionslösung fällt, schaltet man die coulometrische Titriereinrichtung ein, und zwar jeweils solange, bis der Ausgangs-pH wieder erreicht ist. Die automatisch mit eingeschaltete Stoppuhr addiert die Titrierzeiten auf. Wenn bei längerem Arbeiten geringe Widerstandsänderungen in der Elektrolysierzelle und damit Stromstärkeänderungen auftreten, kann die Stromstärke mittels der Regelwiderstände nachgeregelt werden. Als günstige Stromstärken haben sich solche zwischen 20 und 50 mA erwiesen. (Wir arbeiteten bei unseren Messungen neuerdings ausschließlich mit 30 mA). Wenn der Absorptionsvorgang beendet ist, wird der pH nicht weiter fallen.

Man liest nun die gesamte Titrierzeit ab, multipliziert sie mit der Stromstärke und hat so die Zahl der verbrauchten Amperesekunden. Die Kohlensäure errechnet sich mit der Formel

$$\text{mg } CO_2 = \text{Zahl der Asec} \cdot 0,228$$

Die Wasserprobe zieht man nach Beendigung der Messung mittels einer Wasserstrahlpumpe aus dem Austreibungsgefäß hinaus. Dabei muß der Dreiwegehahn so umgestellt sein, daß das Austreibungsgefäß mit der Außenatmosphäre

Forschungsberichte des Wirtschafts- und Verkehrsministeriums Nordrhein-Westfalen

verbunden ist. Das Gerät ist damit für die nächste Untersuchung betriebsfertig.

## 4. Durchführung und Auswertung von Testversuchen

Zur Erprobung der Meßempfindlichkeit und Meßgenauigkeit der Apparatur braucht man Lösungen bekannten $CO_2$-Gehaltes. Zur Herstellung dieser Eichlösungen wurde destilliertes Wasser ausgekocht, um freies $CO_2$ auszutreiben. Beim Abkühlen des Wassers wurde eine mit konzentrierter Natronlauge gefüllte Waschflasche vor das Kochgefäß gesetzt, so daß die zurückgezogene Luft von $CO_2$ gereinigt wurde. In diesem Wasser wurde dann $Na_2CO_3$ bzw. $(NH_4)_2CO_3$ (p.a. Merck) gelöst, und zwar wurden zunächst höher konzentrierte Lösungen (50 mg $CO_2/cm^3$) hergestellt, die sich leichter aufbewahren lassen. Von diesen Stammlösungen wurden dann kurz vor Gebrauch die gewünschten Verdünnungen gemacht (0,05 - 0,25 mg $CO_2/cm^3$).

Die Handhabung der Apparatur bei der Durchführung der Testversuche war folgende:

An den freien Anschluß über dem Absaugerohr wurde die Bürette für die Eichlösung angeschlossen. Zum Schutz gegen Luftkohlensäure wurde ein Röhrchen mit Natronasbest auf die Bürette gesetzt.

In das Austreibungsgefäß wurden 200 $cm^3$ destilliertes Wasser eingefüllt und kohlensäurefrei gemacht, indem man erhitzt und umpumpt.

Wenn das Wasser vollständig kohlensäurefrei ist, stellt man Pumpe und Heizung ab. Infolge der Abkühlung und Kondensation tritt im Austreibungsgefäß ein Unterdruck auf. Jetzt läßt man aus der Bürette die gewünschte $cm^3$-Zahl Eichlösung einlaufen und danach einige $cm^3$ Schwefelsäure aus der kleinen Bürette. Danach schaltet man die Heizung wieder ein.

Das ganze muß so schnell erfolgen, daß keine Schwefelsäure aus der Waschflasche in den Kühler läuft. Der Vorteil bei dieser Arbeitsweise ist der, daß das Wasser im Austreibungsgefäß während der ganzen Meßreihe in der Nähe des Siedepunktes bleibt. Für eine Einzelmessung braucht man dabei ca. 6 Minuten. Die Messung selbst erfolgt in der üblichen Weise, nur wird nach Beendigung einer Einzelmessung das Wasser nicht abgesaugt, sondern in der vorbeschriebenen Weise neue Eichlösung zugegeben.

In Tabelle 3 ist eine Auswahl von Meßreihen dieser Art zusammengestellt. Bemerkenswert ist, daß bei Versuchen mit $(NH_4)HCO_3$ keine Störung der

## Tabelle 3

| Reihe | 1 | 2 | 3 | 4 | 5 |
|---|---|---|---|---|---|
| Vers.Nr. | $Na_2CO_3$ | $Na_2CO_3$ | $Na_2CO_3$ | $Na_2CO_3$ | $Na_2CO_3$ |
| 1 | 0,294 mg | 0,249 mg | 0,215 mg | 0,120 mg | 0,126 mg |
| 2 | 0,280 | 0,215 | 0,207 | 0,093 | 0,118 |
| 3 | 0,242 | 0,256 | 0,247 | 0,120 | 0,099 |
| 4 | 0,276 | 0,267 | 0,231 | 0,129 | 0,109 |
| 5 | 0,300 | 0,226 | 0,214 | 0,115 | 0,122 |
| 6 | 0,307 | 0,212 | 0,215 | 0,130 | 0,131 |
| 7 |  | 0,235 | 0,206 | 0,127 | 0,118 |
| 8 |  | 0,245 | 0,224 | 0,117 | 0,129 |
| 9 |  |  | 0,228 | 0,124 | 0,107 |
| 10 |  |  | 0,238 | 0,129 | 0,120 |

| Reihe | 6 | 7 | 8 | 9 | 10 |
|---|---|---|---|---|---|
| Vers.Nr. | $(NH_4)_2CO_3$ | $Na_2CO_3$ | $(NH_4)_2CO_3$ | $(NH_4)_2CO_3$ | $(NH_4)_2CO_3$ |
| 1 | 0,267 mg | 0,054 mg | 0,141 mg | 0,084 mg | 0,092 mg |
| 2 | 0,239 | 0,060 | 0,123 | 0,069 | 0,075 |
| 3 | 0,264 | 0,059 | 0,136 | 0,060 | 0,067 |
| 4 | 0,249 | 0,050 | 0,154 | 0,070 | 0,066 |
| 5 | 0,280 | 0,064 | 0,155 | 0,083 | 0,083 |
| 6 | 0,295 | 0,055 | 0,164 | 0,075 | 0,092 |
| 7 | 0,265 | 0,062 | 0,158 | 0,083 | 0,081 |
| 8 | 0,287 | 0,060 | 0,160 | 0,061 | 0,084 |
| 9 |  | 0,066 | 0,153 | 0,077 | 0,080 |
| 10 |  | 0,063 | 0,188 | 0,075 | 0,089 |
| 11 |  |  | 0,137 | 0,084 |  |
| 12 |  |  | 0,155 | 0,076 |  |

Messungen erfolgte. Um die Wirkungsweise der Apparatur beim normalen Betrieb zu studieren, wurde das destillierte Wasser des Institutes auf den Kohlensäuregehalt untersucht. Dieses Wasser, das in einer modernen Anlage destilliert wird, hat einen Kohlensäuregehalt von etwa 7 mg/l. Es handelt sich also um ein Wasser, daß für eine direkte Untersuchung einen viel zu hohen $CO_2$-Gehalt hat. Dennoch zeigen die in Tabelle 4 wiedergegebenen Meßreihen, die mit jeweils 150 cm³ Wasser gemacht wurden, Mittelwerte von ausgezeichneter Konstanz.

Tabelle 4

| Reihe | 1 | 2 | 3 |
|---|---|---|---|
| Versuch | $H_2O$ dest. | $H_2O$ dest. | $H_2O$ dest. |
| 1 | 1,09 mg | 1,10 mg | 1,09 mg |
| 2 | 1,14 | 0,92 | 1,13 |
| 3 | 1,13 | 0,97 | 1,07 |
| 4 | 1,07 | 1,07 | 1,09 |
| 5 | 1,03 | 1,00 | 1,13 |
| 6 | 0,83 | 1,06 | 0,86 |
| 7 | 0,84 | | 1,01 |
| 8 | 1,11 | | 1,00 |
| Mittel | 1,03 | 1,02 | 1,05 |

In den Tabellen 5 und 6 sind die Ergebnisse einer statistischen Bearbeitung des Zahlenmaterials der Tabellen 2 und 3 zusammengestellt.

In der ersten Zeile ist der Mittelwert der Messungen eingetragen, in der zweiten Zeile die Anzahl der zur Meßreihe gehörenden Einzelmessungen.

In der dritten Zeile ist die innerhalb der Meßreihe maximal auftretende Abweichung vom Mittelwert angegeben.

Eine sehr bedeutsame Größe ist die in der vierten Zeile eingetragene Standardabweichung (S.D.) vom Mittelwert. Diese ist definiert durch die Gleichung

$$S.D. = \sqrt{\frac{\sum (x_i - \bar{x})^2}{n - 1}}$$

mit

$x_i$ = gemessener Einzelwert
$\bar{x}$ = Mittelwert
n = Anzahl der Messungen in der Meßreihe

Von den Einzelwerten einer Meßreihe weichen 2/3 um weniger als die Standard-Abweichung vom Mittelwert ab.

Man erkennt, daß in fast allen Fällen die Standard-Abweichung vom Mittelwert etwas kleiner als 10 % ist.

In der nächsten Zeile sind die 99 %-Vertrauensgrenzen für die Mittelwerte angegeben. Es liegt in 99 % aller Fälle der Mittelwert aus sehr vielen Messungen in dem Bereich

$$m \pm f(n) \frac{S.D.}{\sqrt{n}}$$

wo $f(n)$ ein Zahlfaktor ist, der nur von der Anzahl n der Einzelmessungen einer Meßreihe abhängt.

In der letzten Zeile sind die Vertrauensgrenzen in Prozenten des Mittelwertes angegeben.

Zum Vergleich mit den Messungen CLARKE's[1] steht in dem interessierenden Bereich nur eine Meßreihe zur Verfügung, da die Empfindlichkeit seiner Apparatur etwa eine Größenordnung geringer ist, als die der hier beschriebenen.

CLARKE mißt 0,5 mg $CO_2$/l mit einer Standard-Abweichung von 40 %, hingegen 50 mg $CO_2$/l mit einer Standard-Abweichung von weniger als 1 %.

Diese Zahlen grenzen den Verwendungsbereich der Apparaturen gegeneinander ab. Bei Messungen über 10 mg $CO_2$/l ist die CLARKE'sche Apparatur die beste derzeit bekannte. Bei Mengen unter 1 mg/l gibt diese Apparatur erhebliche Schwankungen oder versagt.

Hier ist der von uns entwickelte Apparat mit Vorteil zu verwenden. Bis hinunter zu Mengen von 0,1 mg/l kann man den $CO_2$-Gehalt mit Genauigkeit von weniger als $\pm$ 10 % messen. Falls genügend große Austreibungsgefäße

---

[1] F.E. CLARKE s.a.o.

zur Verfügung stehen, kann die Empfindlichkeit noch bis zu etwa 0,05 mg/l erhöht werden, da die Absolutempfindlichkeit der Meßvorrichtung hierzu genügend hoch ist.

Tabelle 5

| Meßreihe Nr. | 1 | 2 | 3 | 4 | 5 |
|---|---|---|---|---|---|
| Mittelwert | 0,283 | 0,238 | 0,223 | 0,120 | 0,118 |
| Zahl der Messungen | 6 | 8 | 10 | 10 | 10 |
| Max. Abw. vom Mittel | 0,041 | 0,029 | 0,024 | 0,027 | 0,019 |
| S.D. vom Mittel | 0,024 | 0,017 | 0,014 | 0,010 | 0,010 |
| 99% Vertrauensgrenze | 0,039 | 0,020 | 0,014 | 0,010 | 0,010 |
| Vertrauensgrenze in % | 13,8 | 8,4 | 6,3 | 8,3 | 8,5 |

| Meßreihe Nr. | 6 | 7 | 8 | 9 | 10 |
|---|---|---|---|---|---|
| Mittelwert | 0,268 | 0,059 | 0,152 | 0,075 | 0,081 |
| Zahl der Messungen | 8 | 10 | 12 | 12 | 10 |
| Max. Abw. vom Mittel | 0,029 | 0,007 | 0,036 | 0,015 | 0,015 |
| S.D. vom Mittel | 0,020 | 0,0045 | 0,016 | 0,008 | 0,009 |
| 99% Vertrauensgrenze | 0,024 | 0,0046 | 0,014 | 0,0069 | 0,009 |
| Vertrauensgrenze in % | 9,0 | 7,8 | 9,2 | 9,2 | 11,1 |

Tabelle 6

| Meßreihe Nr. | 1 | 2 | 3 |
|---|---|---|---|
| Mittelwert | 1,03 | 1,02 | 1,05 |
| Zahl der Messungen | 8 | 6 | 8 |
| Max. Abw. vom Mittel | 0,2 | 0,1 | 0,21 |
| S.D. vom Mittel | 0,13 | 0,06 | 0,09 |
| 99% Vertrauensgrenze | 0,16 | 0,12 | 0,11 |
| Vertrauensgrenze in % | 15,5 | 11,8 | 10,5 |

## IV. Entwicklung von Rechenverfahren zur Auswertung von Meßdaten

Einen vollständigen Einblick in den jeweiligen Zustand des untersuchten Wassers erhält man durch eine Berechnung des thermodynamischen Gleichgewichtes. Da es sich im vorliegenden Falle fast ausschließlich um Ionengleichgewichte handelt, die sich im allgemeinen sehr schnell einstellen, sind Gleichgewichtsberechnungen hier besonders lohnend. Weiter stellen Kesselspeisewässer gewöhnlich eine extrem verdünnte Lösung dar, so daß man mit einer für technische Zwecke meist ausreichenden Genauigkeit die Ionenaktivitäten vernachlässigen kann. Erschwert wird die Rechnung allerdings häufig dadurch, daß man in allen praktisch interessanten Fällen Vielkomponenten-Gleichgewichte vorliegen hat, wodurch die Ansätze erschwert werden und die numerische Rechnung einigen Zeitaufwand erfordert. Eine große Hilfe bietet dann eine systematisch arbeitende Methode, wie wir sie speziell für die oben skizzierte Aufgabe im Anschluß an Arbeiten von S.R. BRINKLEY[1] entwickelt haben und die sich bei den eigenen Untersuchungen gut bewährt hat.

Eine knappe Darstellung dieser Methode geben wir im folgenden Abschnitt.

### 1. Abriß einer Methode zur systematischen Behandlung von Vielkomponentengleichgewichten in wässerigen Lösungen

Es möge eine hochverdünnte wässerige Lösung vorliegen, in welcher sich Ionen, undissoziierte Molekeln und eventuell feste Bodenkörper befinden. Jede in diesem System existierende Ionenart und Molekelart betrachten wir als einen Stoff bzw. eine Komponente. Im allgemeinen sind nicht alle so definierten Stoffe voneinander unabhängig, da sie durch "Reaktionen" (zu denen auch Dissoziationsvorgänge gezählt werden) z.T. ineinander übergehen können. Die Zahl der unabhängigen Komponenten erhält man folgendermaßen: Man bildet eine Tabelle, deren Spalten den vorliegenden Elementen und deren Zeilen den vorliegenden Stoffen zugeordnet sind. Wenn man die Elemente mit $X, X_2, \ldots$ und die Stoffe mit $Y_1, Y_2, \ldots$ bezeichnet, bekommt die Tabelle folgende Form:

---

[1] S.R. BRINKLEY, J. chem. Phys. $\underline{15}$, 107 (1947)

Forschungsberichte des Wirtschafts- und Verkehrsministeriums Nordrhein-Westfalen

Tabelle 7

|     | $X_1$ | $X_2$ | $X_p$ |
|-----|-------|-------|-------|
| $Y_1$ | $\alpha_{11}$ | $\alpha_{12}$ | $\alpha_{1p}$ |
| $Y_2$ | $\alpha_{21}$ | $\alpha_{22}$ | $\alpha_{2p}$ |
| $Y_q$ | $\alpha_{q1}$ | $\alpha_{q2}$ | $\alpha_{qp}$ |

Die Zahlen $\alpha_{ij}$ bedeuten die Anzahl der betreffenden Atome in der entsprechenden Verbindung. Hat man z.B. Ammoniak in Wasser, so liegen folgende Stoffe vor: $H_2O$, $NH_3$, $NH_4^+$, $H^+$, $OH^-$. Die Tabelle sieht dann so aus:

Tabelle 8

|         | H | O | N |
|---------|---|---|---|
| $H_2O$  | 2 | 1 | 0 |
| $NH_3$  | 3 | 0 | 1 |
| $NH_4^+$ | 4 | 0 | 1 |
| $H^+$   | 1 | 0 | 0 |
| $OH$    | 1 | 1 | 0 |

Die Tabelle der $\alpha_{ij}$ bildet eine Matrix deren einzelne Zeilen

(IV,1) $$y_i = (\alpha_{i1}, \alpha_{i2}, \ldots, \alpha_{ip})$$

man nach BRINKLEY als Formelvektoren der Verbindung $Y_i$ bezeichnet. Es gilt nun der Satz, daß ebensoviele Komponenten unabhängig sind, als Formelvektoren $y_i$ linear unabhängig sind. Die Anzahl der unabhängigen Formelvektoren wird durch den Rang der Matrix der $\alpha_{ij}$ bestimmt. Der Rang r der Matrix ist eine mathematisch bestimmte Größe. Er ist höchstens gleich der kleineren der beiden Größen Zeilenzahl und Spaltenzahl. Man bestimmt ihn,

**Forschungsberichte des Wirtschafts- und Verkehrsministeriums Nordrhein-Westfalen**

indem man die Determinante höchsten Grades sucht, die von Null verschieden ist. Der Grad dieser Determinante ist rangbestimmend für die Matrix. Der Rang der Matrix der $\alpha_{ij}$ sei nun r. Dann sind also r Stoffe unabhängig und q - r abhängig. Die abhängigen Stoffe können sich aus den unabhängigen bilden. Dieser Vorgang wird durch q - r chemische Reaktionsgleichungen beschrieben, denen ebensoviele Gleichgewichtsbeziehungen entsprechen:

$$(IV,2) \qquad c_{Y_i} = K_i \sum_{j=1}^{r} c_{Y_j}{}^{\nu_{ij}}$$

$$(i = r+1, r+2, \ldots q)$$

Dabei bedeuten

$c_{Y_i}$     Konzentration des Stoffes $Y_i$

$K_i$     Thermodynamische Gleichgewichtskonstante

$\nu_{ij}$     stöchiometrische Umsatzzahlen

Aktivitätskoeffizienten sind hier der Einfachheit halber weggelassen.

Wir wollen nun annehmen, daß auch noch u Stoffe im festen Bodenkörper vorliegen. Das kann nur sein, wenn das Löslichkeitsprodukt der betreffenden Stoffe überschritten wird. Aus dieser Tatsache ergeben sich folgende Alternativaussagen:

$$(IV,3a) \qquad c_{Y_i}^* = 0 \quad \text{wenn} \quad \sum_{j=1}^{r} c_{Y_i}{}^{\nu_{ij}} < \mathcal{L}_i$$

oder

$$(IV,3b) \qquad \sum_{j=1}^{r} c_{Y_i}{}^{\nu_{ij}} = \mathcal{L}_i \quad \text{wenn} \quad c_Y^* \neq 0$$

Der Stern soll die feste Phase kennzeichnen, $\mathcal{L}_i$ bedeutet das Löslichkeitsprodukt des i-ten Stoffes. Es liegen also 2 u Gleichungen vor, von denen aber jeweils nur u Gleichungen gültig sind.

Eine weitere Beziehung liefert die in jedem Elektrolytsystem gültige Neutralitätsgleichung

$$(IV,4) \qquad \sum_i z_{Y_i} \cdot c_{Y_i} = 0$$

$z_{Y_i}$ ist die Wertigkeit des Stoffes $Y_i$, die nur für Ionen von Null verschieden ist und positiv für Kationen, negativ für Anionen einzusetzen ist.

Zu diesen Gleichungen treten nun noch in Form von Massenbilanzen r weitere Gleichungen. Man kann zunächst natürlich für jedes weitere der p Elemente eine solche Bilanz aufstellen. Wenn jedoch der Rang r kleiner als die Zahl p der Elemente ist, so sind p - r dieser Bilanz-Gleichungen linear abhängig. Genau r unabhängige Gleichungen sind die folgenden:

$$(IV,5) \quad q_i = c_{Y_i} + \sum_{\sigma=r+1}^{q} \nu_{\sigma i} \, c_{Y_i} + \sum_{\sigma=q-u+1}^{q} \nu'_{\sigma i} \, c^*_{Y_i}$$

wo sich die $q_i$ aus dem Gleichungssystem

$$(IV,6) \quad Q_{X_i} = \sum_{i=1}^{r} \alpha_{ij} \, q_j$$

berechnen. $Q_{X_j}$ bedeutet die Gesamtmenge des Elementes $X_j$ in Mol/l. Bei der Summierung in Gleichung (IV,5) ist folgendes zu beachten: Die erste Summe erstreckt sich über alle abhängigen Komponenten. Die zweite Summe erstreckt sich nochmals über die u letzten dieser Komponenten, da diese außer in der Lösung auch in der festen Phase vorliegen. Stoffe in der festen Phase sind also hier immer als abhängige Komponenten zu behandeln und immer wird angenommen, daß diese Stoffe (eventuell nur in Spuren) auch in der Lösung existieren.

Es liegen nunmehr also folgende Gleichungen vor:

$\quad$ q - r $\quad$ Gleichungen (IV,2)
$\quad$ u $\quad$ Gleichungen (IV,3)
$\quad$ 1 $\quad$ Neutralitätsgleichung (IV,4)
$\quad$ r $\quad$ Gleichungen (IV,5)

Dies sind insgesamt q + u + 1 Gleichungen für q + u + r - 1 Variable. Die letzteren setzen sich zusammen aus q - 1 Größen $c_{Y_i}$, da C für das Lösungsmittel eine Konstante ist, aus u festen Stoffen und r Größen $q_i$, die mit den Größen $QX_j$ in bekanntem Zusammenhang stehen. Von den Variablen sind demnach (r - 2) frei wählbar, womit alle anderen bestimmt sind. Welche Variablen man jeweils vorgibt, wird meist durch die Art der Aufgabe bestimmt. Man hat aber zu beachten, daß zwischen den gewählten Größen kein funktioneller Zusammenhang bestehen darf. (Man kann z.B. nicht $H^+$ und $OH^-$ zugleich vorgeben.)

## 2. Die Berechnung der freien Kohlensäure aus Gesamtkohlensäure und pH

In neuzeitlichen Anlagen aufbereitetes Kesselspeisewasser enthält Kohlensäure nur in Spuren. Zur Messung solcher $CO_2$-Spuren haben wir ein Verfahren entwickelt, welches es gestattet, selbst einige hundertstel mg $CO_2$ noch mit genügender Genauigkeit zu messen[1]. Es ist aber aus meßtechnischen Gründen nur die Gesamtkohlensäure faßbar, während den Techniker besonders die freie Kohlensäure interessiert, also diejenige Kohlensäuremenge, die nicht durch eine äquivalente Menge einer Base neutralisiert wird. Diese ist vorzugsweise für Korrosionen verantwortlich.

Für den technisch bedeutsamen Fall der Anwesenheit von Ammoniak neben Kohlensäure haben wir mit den oben dargestellten Methoden den Anteil der freien Säure berechnet. Es ergibt sich dabei folgendes:

Im Gleichgewichtssystem $H_2O - CO_2 - NH_3$ befinden sich folgende Moleküle bzw. Ionen:

$H_2O$          $H^{\cdot}$          $HCO_3'$

$CO_2$ gel     $NH_4^{\cdot}$       $CO_3''$

$NH_3$ gel                $OH'$

Die Matrix der Formelvektoren ergibt sich aus der Tabelle 9.

Der Rang dieser Matrix ist vier, z.B. ist die Determinante aus den Formelvektoren der Stoffe $H_2O$, $CO_2$, $H^{\cdot}$, $NH_4^{\cdot}$ von Null verschieden.

$$\begin{vmatrix} 0 & 1 & 2 & 0 \\ 1 & 2 & 0 & 0 \\ 0 & 0 & 1 & 0 \\ 0 & 0 & 4 & 1 \end{vmatrix} = -1$$

Es gibt also vier unabhängige Stoffe im System, z.B. die Stoffe $H_2O$, $CO_2$, $H^{\cdot}$, $NH_4^{\cdot}$, die auch für die weitere Rechnung benutzt werden. Die vier restlichen Stoffe müssen nun durch Reaktionsgleichungen dargestellt werden.

---

[1] H.E. HÖMIG, Diss. Aachen

Forschungsberichte des Wirtschafts- und Verkehrsministeriums Nordrhein-Westfalen

## Tabelle 9

| Nr. | Stoff | C | O | H | N |
|---|---|---|---|---|---|
| 1 | $H_2O$ | 0 | 1 | 2 | 0 |
| 2 | $CO_2$ | 1 | 2 | 0 | 0 |
| 3 | $NH_3$ | 0 | 0 | 3 | 1 |
| 4 | $H^{\bullet}$ | 0 | 0 | 1 | 0 |
| 5 | $NH_4^{\bullet}$ | 0 | 0 | 4 | 1 |
| 6 | $HCO_3''$ | 1 | 3 | 1 | 0 |
| 7 | $CO_3''$ | 1 | 3 | 0 | 0 |
| 8 | $OH'$ | 0 | 1 | 1 | 0 |

Diesen Gleichungen entsprechen vier Dissoziationsgleichgewichte:

$$(IV,7) \qquad (NH_3) = K_N \cdot \frac{(NH_4^{\bullet})}{(H^{\bullet})}$$

$$(IV,8) \qquad (HCO_3') = K_1 \cdot \frac{(CO_2)\,gel}{(H^{\bullet})}$$

$$(IV,9) \qquad (CO_3'') = K_1 \cdot K_2 \cdot \frac{(CO_2)\,gel}{(H^{\bullet})^2}$$

$$(IV,10) \qquad (OH') = K_W \cdot \frac{1}{(H^{\bullet})}$$

Die chemischen Symbole in Klammern bedeuten hier Konzentrationen. Die Neutralitätsgleichung (IV,4) lautet im vorliegenden Fall

$$(IV,11) \qquad (H^{\bullet}) + (NH_4^{\bullet}) = (HCO_3') + 2(CO_3'') + (OH')$$

Die Stoffbilanzen liefern u.a. die Beziehungen

(IV,12) $\quad Q_C = (CO_2) + (HCO_3^-) + (CO_3^{--})$

(IV,13) $\quad Q_N = (NH_4^+) + (NH_3)$

Die Gleichungen (IV,7) bis (IV,13) stellen jetzt also sieben Beziehungen zwischen den 9 Größen $(CO_2)$, $(H^+)$, $(NH_3)$, $(NH_4^+)$, $(HCO_3^-)$, $(CO_3^{--})$, $(OH^-)$, $Q_C$, $Q_N$ her, von denen folglich zwei vorgegeben sein müssen, damit alle anderen bestimmt sind.

Als vorgegebene Größen betrachten wir für unsere Aufgabe $Q_C$ und $(H^+)$. Die erstere folgt sofort aus der gemessenen Gesamtkohlensäure, die zweite aus dem leicht meßbaren pH der Lösung.

Zur Kenntnis der freien Kohlensäure bzw. des freien Ammoniaks gelangt man folgendermaßen: Löst man in Wasser $NH_4HCO_3$ und leitet zusätzlich $CO_2$ oder $NH_3$ ein, so nennt man diejenigen Anteile an Gelöstem, die ursprünglich dem Salz angehörten, gebundene Anteile, die darüber hinaus existierenden freie Anteile. Insgesamt läßt sich folgende Bilanz aufstellen.

(IV,14) $\quad (CO_2) + (HCO_3^-) + (CO_3^{--}) = c_S + c_K$

(IV,15) $\quad (NH_3) + (NH_4^+) = c_S + c_A$

$\quad c_S$ = Konzentration an $NH_4HCO_3$

$\quad c_K$ = Konzentration der freien Kohlensäure

$\quad c_A$ = Konzentration des freien Ammoniaks

Die links stehenden Größen sind nach vorigem bekannt. Es liegen nun zwei Gleichungen für zwei Unbekannte vor, denn eine der beiden Größen $c_K$, $c_A$ ist stets Null. Es existiert ein Grenz-pH, oberhalb dessen $c_K = 0$ ist und unterhalb dessen immer $c_A = 0$ ist. Der Grenz-pH selbst ist dadurch gekennzeichnet, daß bei ihm $c_K = c_A = 0$ ist. Für ihn gilt also

(IV,16) $\quad (CO_2) + (HCO_3^-) + (CO_3^{--}) = (NH_3) + (NH_4^+)$

Aus der Gleichung (IV,16) berechnet man den Grenz-pH, indem man unter Benutzung der vorangehenden Gleichungen alle Größen durch $(H^+)$ ausdrückt.

Man gelangt dadurch zu der Gleichung

$$(IV,17) \quad (H^+) + \frac{c_S}{1 + \frac{K_N}{(H^+)}} = \frac{K_1}{(H^+)} \cdot \frac{c_S}{1 + \frac{K_1}{(H^+)} + \frac{K_1 K_2}{(H^+)^2}} +$$

$$\frac{K_1 K_2}{(H^+)^2} \frac{c_S}{1 + \frac{K_1}{(H^+)} + \frac{K_1 K_2}{(H^+)^2}} + \frac{K_W}{(H^+)}$$

Da diese Gleichung linear in $c_S$ ist, wird man bei der numerischen Rechnung $(H^+)$ vorgeben und die zugehörigen $c_S$ berechnen. Aus der graphischen Darstellung der Ergebnisse kann man dann leicht zu jeder Salzkonzentration den zugehörigen Grenz-pH ermitteln.

Für viele technologische Aufgaben genügt es, mit den Aktivitätskoeffizienten Eins zu rechnen, zumal das Kesselspeisewasser auf jeden Fall ein hochverdünntes System ist. Man muß dabei mit Fehlern bis zu ca. 10 % rechnen, wenn die Gesamtionenstärke den Wert 0,01 nicht übersteigt.

In den folgenden Abbildungen sind die Ergebnisse einer numerischen Auswertung des Gleichungssystems unter Vernachlässigung der Aktivitätskoeffizienten wiedergegeben. Die Rechnungen gelten für $t = 25°C$, $p = 1$ atm und sind mit folgenden Zahlenwerten durchgeführt:

$$K_1 = 4{,}31 \cdot 10^{-7} ; \quad K_W = 1{,}01 \cdot 10^{-14}$$
$$K_2 = 5{,}61 \cdot 10^{-11}; \quad K_N = 6{,}1 \cdot 10^{-10}$$

Bei der Rechnung wird so vorgegangen, daß man $Q_C$ (Totalkohlensäure) und $(H^+)$ (also den pH) vorgibt. Für $(CO_2)$ erhält man aus dem Gleichungssystem leicht die Beziehung

$$(CO_2) = \frac{Q_C}{1 + \frac{K_1}{(H^+)} + \frac{K_1 K_2}{(H^+)^2}}$$

Aus $(CO_2)$ und $(H^+)$ erhält man weiter unmittelbar $(HCO_3')$, $(CO_3'')$ und $(OH')$.

Mittels der Neutralitätsgleichung findet man dann $(NH_4^+)$, mit dessen Kenntnis $(NH_3)$ direkt gewonnen werden kann.

Abb. 7 gibt den Grenz-pH bei verschiedenen Salzkonzentrationen an. Für hohe Salzkonzentrationen nähert er sich dem Wert 7,77, für sehr kleine Konzentrationen dem Wert 7. Zwischen 1o mg und o,o1 mg geht der Grenz-pH stetig von dem einen Endwert in den anderen über.

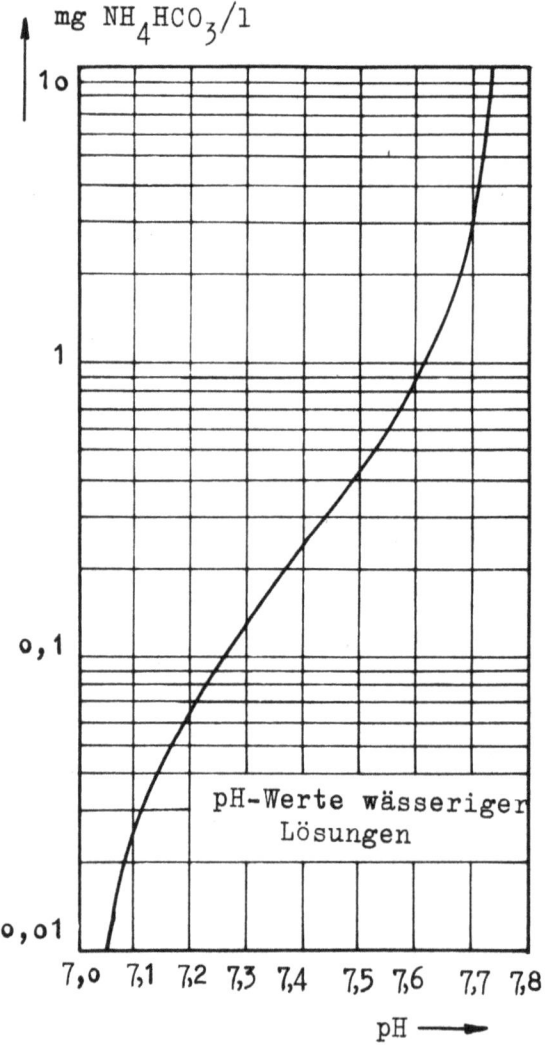

Abbildung 7

In Abb. 8 ist der Zusammenhang zwischen $Q_C$ (gerechnet als Total-$CO_2$), pH und freiem $CO_2$ dargestellt. Dieses Diagramm gestattet auf einfache Weise aus gemessenem Total-$CO_2$ und pH die freie Kohlensäure zu ermitteln.

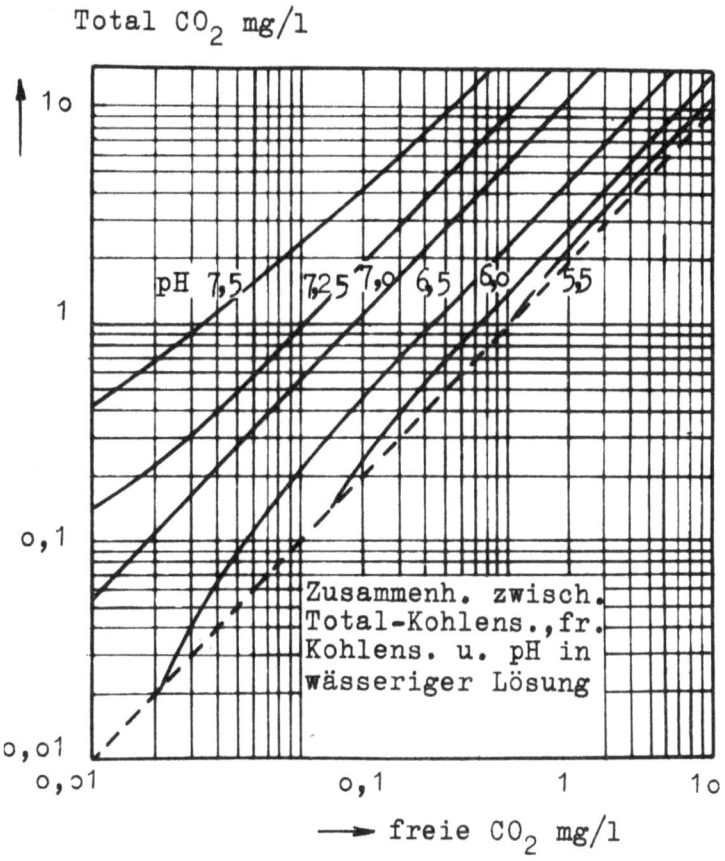

Abbildung 8

Die Abb. 9 gestattet dasselbe für freies Ammoniak. Bemerkenswert ist hier die charakteristische Änderung der Kurvenform, sobald der obere Grenz-pH 7,77 unterschritten wird.

Abb. 10 und 11 zeigen die Verhältnisse im Übergangsgebiet. Noch für etwa 5 mg Total $CO_2$/l kann unterhalb pH 7,77 kein freies Ammoniak existieren. Bei 1 mg/l verschiebt sich aber der Grenz-pH schon bis 7,7 und bei noch kleinerem Total-$CO_2$ bis herunter zu pH 7.

Definiert man die Alkalinität durch die Gleichung

(IV,18) $\qquad S = (HCO_3') + 2(CO_3'') + (OH') - (H^\bullet)$

so ersieht man aus der Neutralitätsgleichung, daß die Alkalinität hier mit $(NH_4^\bullet)$ identisch ist. Der Zusammenhang dieser Größe mit pH und Total-$CO_2$ ist in Abb. 12 wiedergegeben.

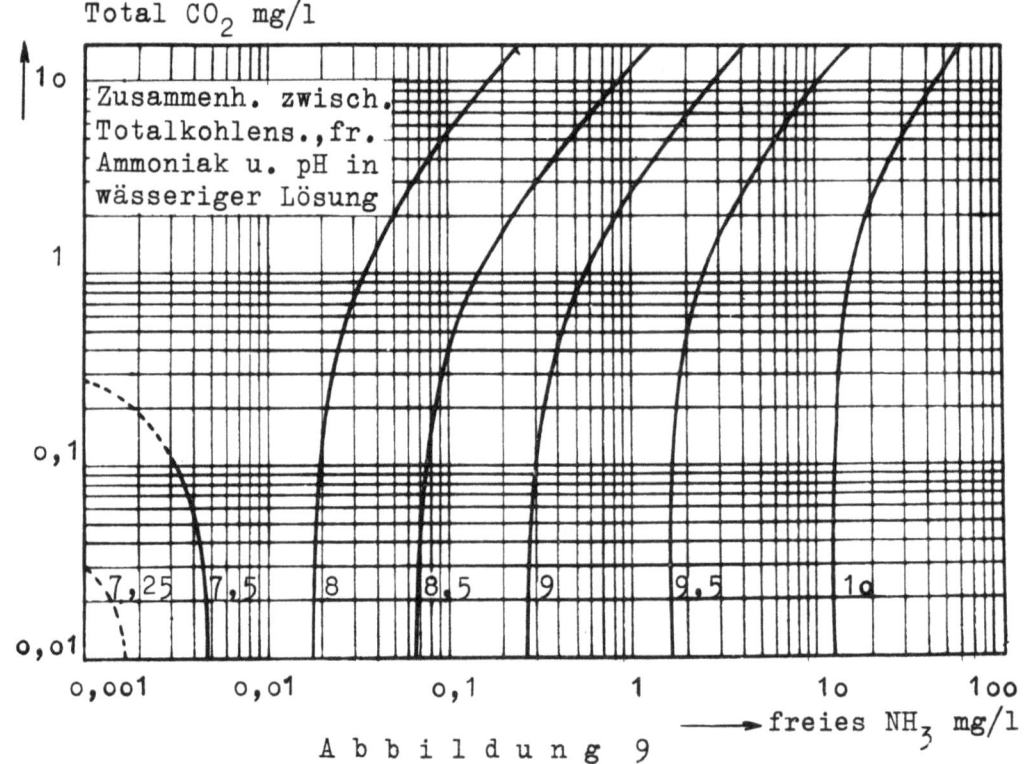

Abbildung 9

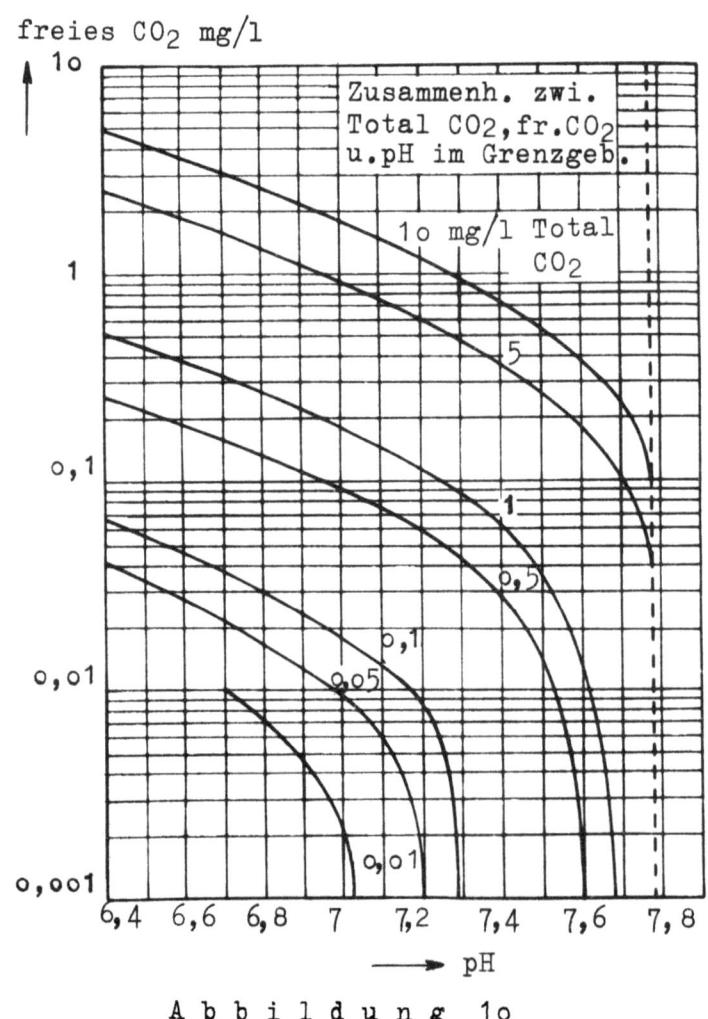

Abbildung 10

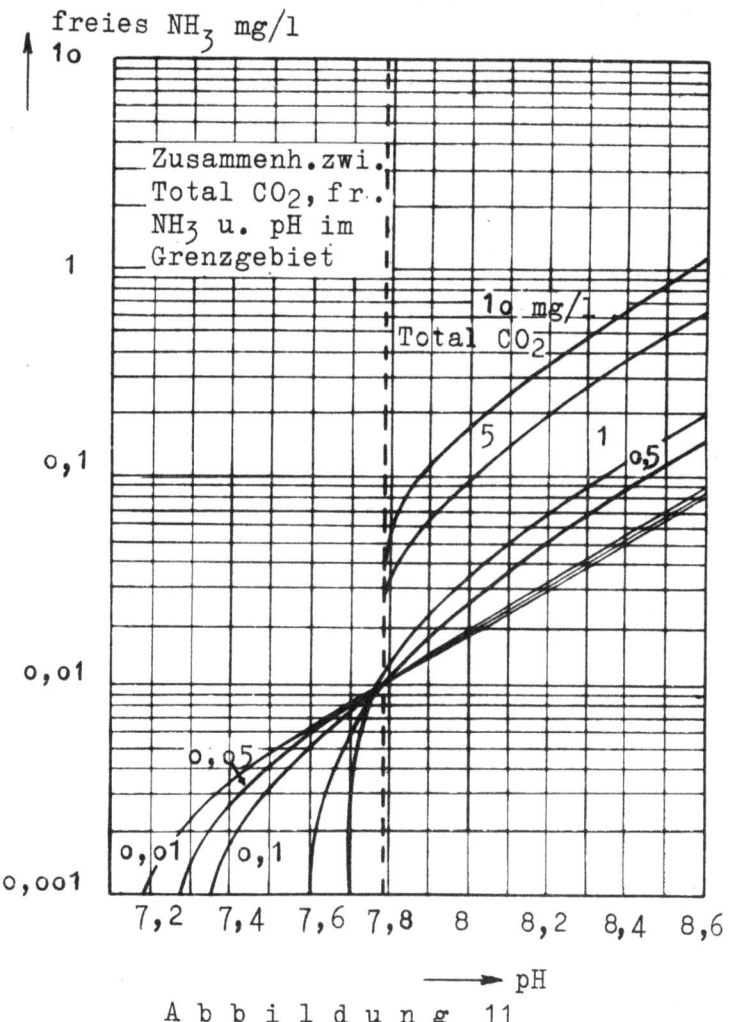

Abbildung 11

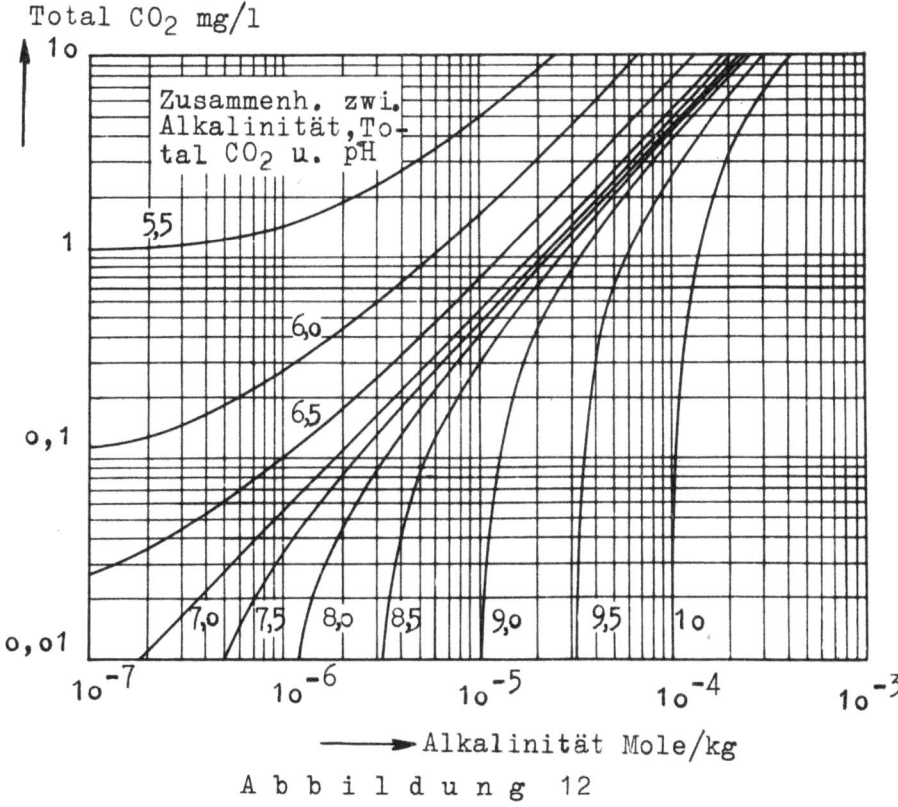

Abbildung 12

Die pH-Werte reiner $CO_2$- bzw. $NH_3$-Lösungen erhält man durch einfache Spezialisierung der Ausgangsgleichungen. Sie sind in den Abb. 13 und 14 aufgetragen.

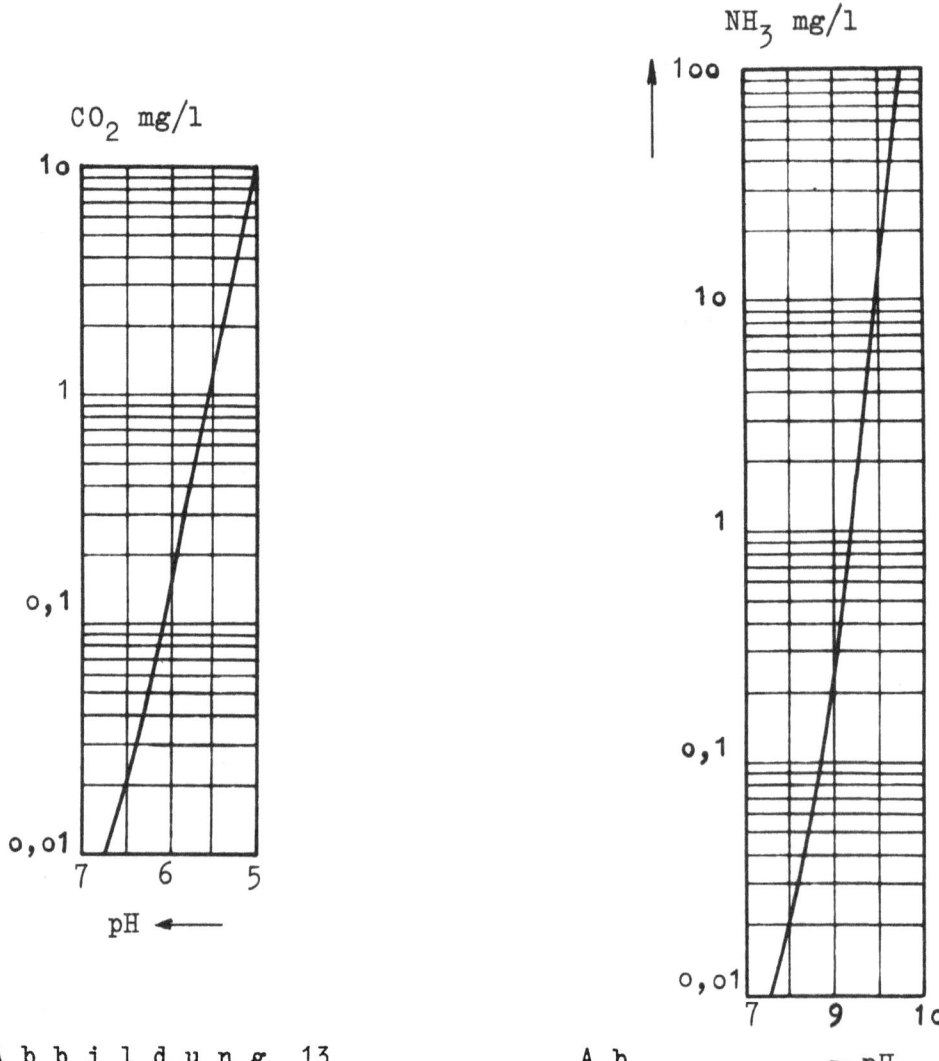

Abbildung 13          Ab

## 3. Schnellbewertung und Kontrolle von Ionenaustauschern mittels kontinuierlicher Leitfähigkeitsmessungen

Die Schnellbewertung und Kontrolle von Ionenaustauschern kann mittels kontinuierlicher Leitfähigkeits- und pH-Messungen des Filtrates erfolgen. Die Bewertung wird erleichtert und präzisiert durch eine Erscheinung, über die unseres Wissens in der Literatur noch nicht berichtet wurde[1].

---

[1] A. LEYER, Diss. Aachen

Wird Rohwasser über einen H- oder OH-Austauscher geschickt, so ist naturgemäß die Leitfähigkeit des Filtrates gegenüber der des Rohwassers verändert. Diese veränderte Leitfähigkeit bleibt solange konstant, bis sich der Austauscher seiner Erschöpfung nähert. Dann geht die Leitfähigkeit aber nicht stetig auf den Rohwasserwert zurück, sondern durchläuft zunächst ein scharfes Minimum, das meist erheblich unter den Leitfähigkeiten von Rohwasser und Filtrat liegt. Untersuchungen mit Salzlösungen bekannter Zusammensetzung zeigten, daß dieses Minimum immer dann auftritt, wenn infolge bestimmter Sekundär-Reaktionen im Filtrat Ionen zu undissoziierten Molekülen zusammentreten können. So zeigt z.B. eine reine NaCl-Lösung weder beim H- noch beim OH-Austausch ein Minimum in der Erschöpfungsperiode. Eine Lösung von Kochsalz und Soda liefert dagegen beim H-Austausch ein deutliches Minimum, das durch Bildung undissoziierter Kohlensäure hervorgerufen wird. Beim OH-Austausch erhält man ein Minimum, wenn eine Lösung von Calciumchlorid und Magnesiumchlorid filtriert wird. Es bildet sich in diesem Fall undissoziiertes, festes $Mg(OH)_2$, was zu einer deutlichen Trübung des Filtrates führt. Eine rechnerische Behandlung der Vorgänge klärt diese Erscheinung vollständig auf, indem sie den Konzentrationsverlauf aller Stoffe während der Erschöpfung zu überblicken gestattet und die Koordinierung gemessener Leitfähigkeitswerte und vorhandener Salzkonzentrationen gibt.

Als Beispiel möge zunächst der Fall des OH-Austausches gezeigt werden. Das Rohwasser soll $CaCl_2$ und $MgCl_2$ enthalten. Dann liegen im System folgende Ionen bzw. Moleküle vor:

| | | |
|---|---|---|
| $Ca^{++}$ | $Mg^{++}$ | $H^+$ |
| $CaOH^+$ | $Mg(OH)^+$ | $OH^-$ |
| $Ca(OH)_2$ gel | $Mg(OH)_2$ gel | $Cl^-$ |
| $Ca(OH)_2$ fest | $Mg(OH)_2$ fest | $H_2O$ |

Bildet man die Matrix der Formelvektoren bezüglich der Elemente Ca, Mg, O, H, Cl, so stellt man fest, daß sie den Rang 5 hat. Unabhängige "Stoffe" sind z.B. $Ca^{++}$, $OH^-$, $Mg^{++}$, $H_2O$, $Cl^-$. Die Konzentrationen der anderen Stoffe lassen sich mit ihrer Hilfe ausdrücken. Dazu dienen fünf Gleichgewichtsbeziehungen:

Forschungsberichte des Wirtschafts- und Verkehrsministeriums Nordrhein-Westfalen
___

(IV,19) $\quad (H^\bullet) \cdot (OH') = K_W$

(IV,20) $\quad (Ca^{++}) \cdot (OH') = K_1 \cdot (CaOH')$

(IV,21) $\quad (Ca^{++}) \cdot (OH')^2 = K_1 \cdot K_2 \cdot (Ca[OH]_2)$ gel

(IV,22) $\quad (Mg^{++}) \cdot (OH') = K_3 \cdot (MgOH')$

(IV,23) $\quad (Mg^{++}) \cdot (OH')^2 = K_3 \cdot K_4 \cdot (Mg[OH]_2)$ gel

Da hier auch Ungelöstes vorliegen kann müssen folgende Gleichungen hinzugenommen werden:

(IV,24a) $\quad (Ca[OH]_2)^* = 0 \quad$ oder $\quad$ (IV,24b) $\quad (Ca^{++}) \cdot (OH')^2 = \mathcal{L}_C$

(IV,25a) $\quad (Mg[OH]_2)^* = 0 \quad$ oder $\quad$ (IV,25b) $\quad (Mg^{++}) \cdot (OH')^2 = \mathcal{L}_M$

Die Neutralitätsgleichung lautet

(IV,26) $\quad (H^\bullet) + 2(Ca^{++}) + 2(Mg^{++}) = (CaOH') + (MgOH') + (Cl') + (OH')$

Von den fünf Gleichungen der Massenerhaltung interessieren für unsere Aufgabe nur zwei:

(IV,27) $\quad Q_{Ca} = (Ca^{++}) + (CaOH') + (Ca[OH]_2) + (Ca[OH]_2)^*$

(IV,28) $\quad Q_{Mg} = (Mg^{++}) + (MgOH') + (Mg[OH]_2) + (Mg[OH]_2)^*$

Für insgesamt 13 Größen liegen jetzt also 10 Gleichungen vor, so daß 3 Größen willkürlich vorgeschrieben werden können. Es ist zweckmäßig $Q_{Ca}$ und $Q_{Mg}$ fest vorzugeben, da diese Größen beim Anionenaustausch ungeändert bleiben. $(Cl^-)$ wird variiert, wodurch man verschiedene Erschöpfungsgrade erfaßt. Der Erschöpfungsgrad wird durch den im Filtrat vorhandenen Bruchteil $(Cl^-)$ der ursprünglich vorhandenen $(Cl_o^-)$-Ionen-Konzentration ausgedrückt ($E = (Cl^-)/(Cl_o^-)$). Er kann Werte zwischen Null und Eins annehmen. Bei der numerischen Auswertung des Gleichgewichtssystems wurden folgende Annahmen gemacht.

$$t = 18°C$$
$$p = 1 \text{ atm}$$
$$Q_{Ca} = 0{,}79 \cdot 10^{-2} \text{ Mol/l}$$
$$Q_{Mg} = 0{,}79 \cdot 10^{-2} \text{ Mol/l}$$

Weiter wurde $(Mg\ OH_2)$ gel $\approx 0$ angenommen, da ein numerischer Wert für $K_4$ nicht bekannt ist. Für die übrigen Konzentrationen wurden folgende Werte benutzt.

$$K_W = 0{,}61 \cdot 10^{-14} \;;\; K_3 = 4 \cdot 10^{-3}$$
$$K_1 = 4 \cdot 10^{-2} \;;\; \mathcal{L}_C = 5{,}47 \cdot 10^{-6}$$
$$K_2 = 4{,}55 \cdot 10^{-3} \;;\; \mathcal{L}_M = 6{,}0 \cdot 10^{-10}$$

Unter diesen Verhältnissen gelten die Gleichungen (IV,24a) und (IV,25b). Die Ergebnisse der ersten Näherung (Aktivitätskoeffizienten = 1) sind in den folgenden Abb. wiedergegeben.

Abb. 15 gibt die Konzentrationen an $(Cl^-)$ und $(OH')$-Ionen in Abhängigkeit vom Erschöpfungsgrad wieder. Man erkennt den Zusammenhang zwischen $(Cl^-)$ und Erschöpfungsgrad, der durch die Definition $E = (Cl^-)/(Cl_o^-)$ gegeben ist.

Abb. 16 zeigt in Abhängigkeit von E die Konzentrationen der $Mg^{++}$ und $MgOH^+$-Ionen sowie die der undissoziierten Anteile an $Mg(OH)_2$. Bemerkenswert ist, daß infolge des Löslichkeitsproduktes von $Mg(OH)_2$ bei E-Werten von 0 bis 0,40 praktisch der gesamte Mg-Gehalt in undissoziierter Verdingung vorliegt.

Abb. 17 zeigt die Konzentrationen aller Ca-Komponenten, $Ca^{++}$, $CaOH^+$ und $Ca(OH)_2$ gelöst.

Abb. 18 zeigt die aus sämtlichen Ionenanteilen errechnete spezifische Leitfähigkeit und den pH-Verlauf in Abhängigkeit von E im linearen Maßstab.

Die Berechnung der spezifischen Leitfähigkeit erfolgte mittels der Gleichung

(IV,29)
$$\varkappa = \frac{1}{1000} \cdot \sum_i c_i \cdot z_i \cdot \ell_i$$

mit

$C_i$ = Ionenkonzentration

$Z_i$ = Wertigkeit

$\ell_i$ = Ionenbeweglichkeit

Die Zahlenwerte für $\ell_i$ wurden dem Taschenbuch für Chemiker und Physiker von D'ANS u. LAX (1949) S. 1236 ff entnommen. Das in den Versuchen gefundene Leitfähigkeitsminimum errechnet sich für die gewählten Salzkonzentrationen zu dem Erschöpfungsgrad E = 0,45.

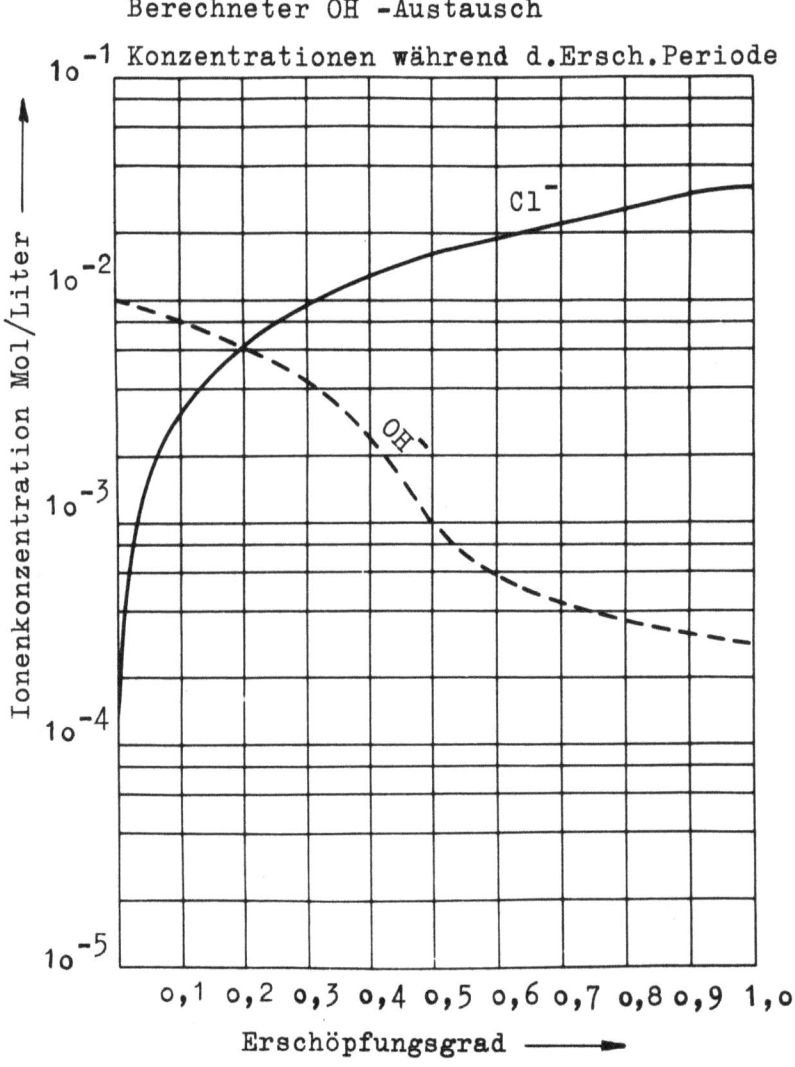

Abbildung 15

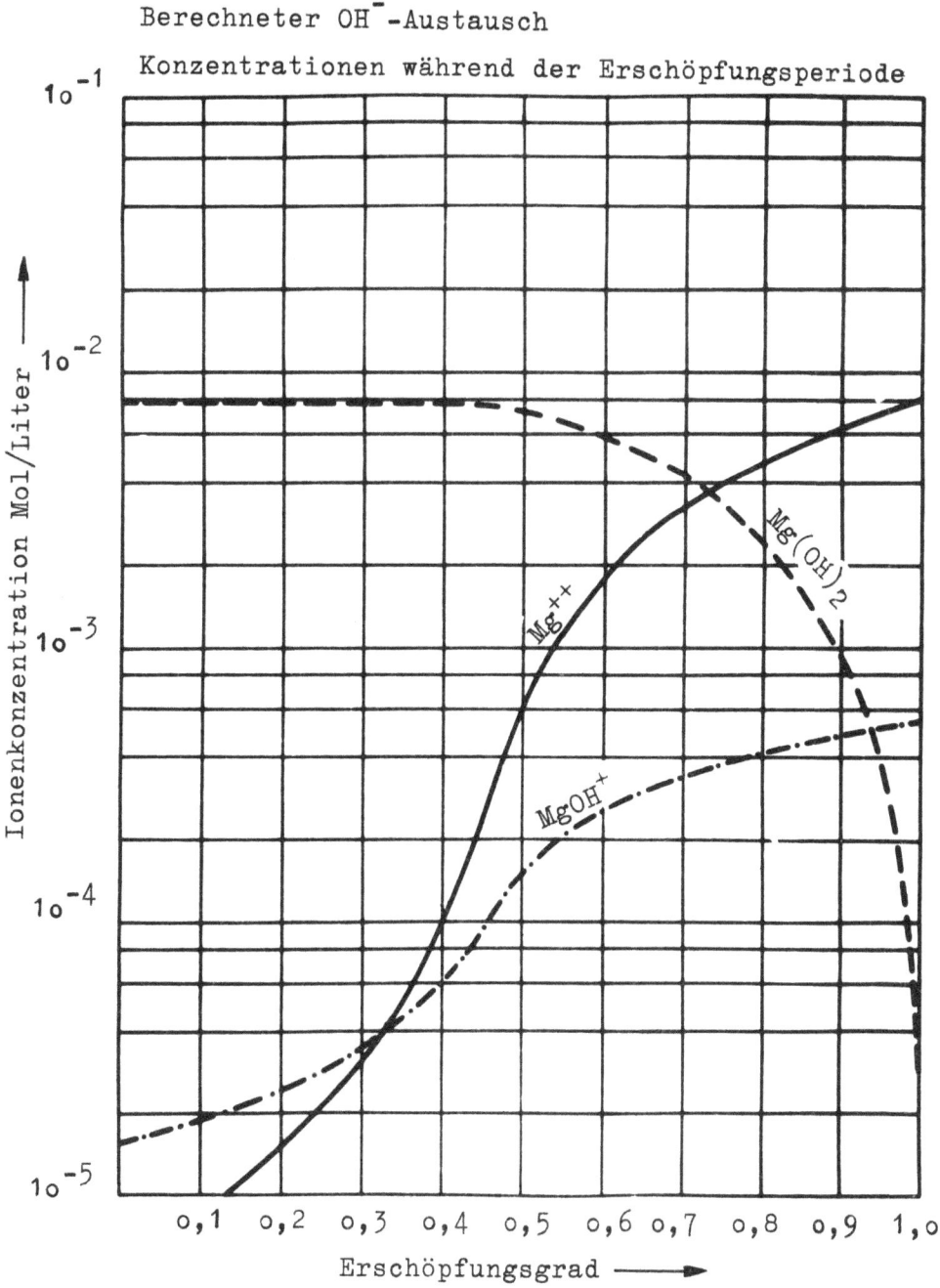

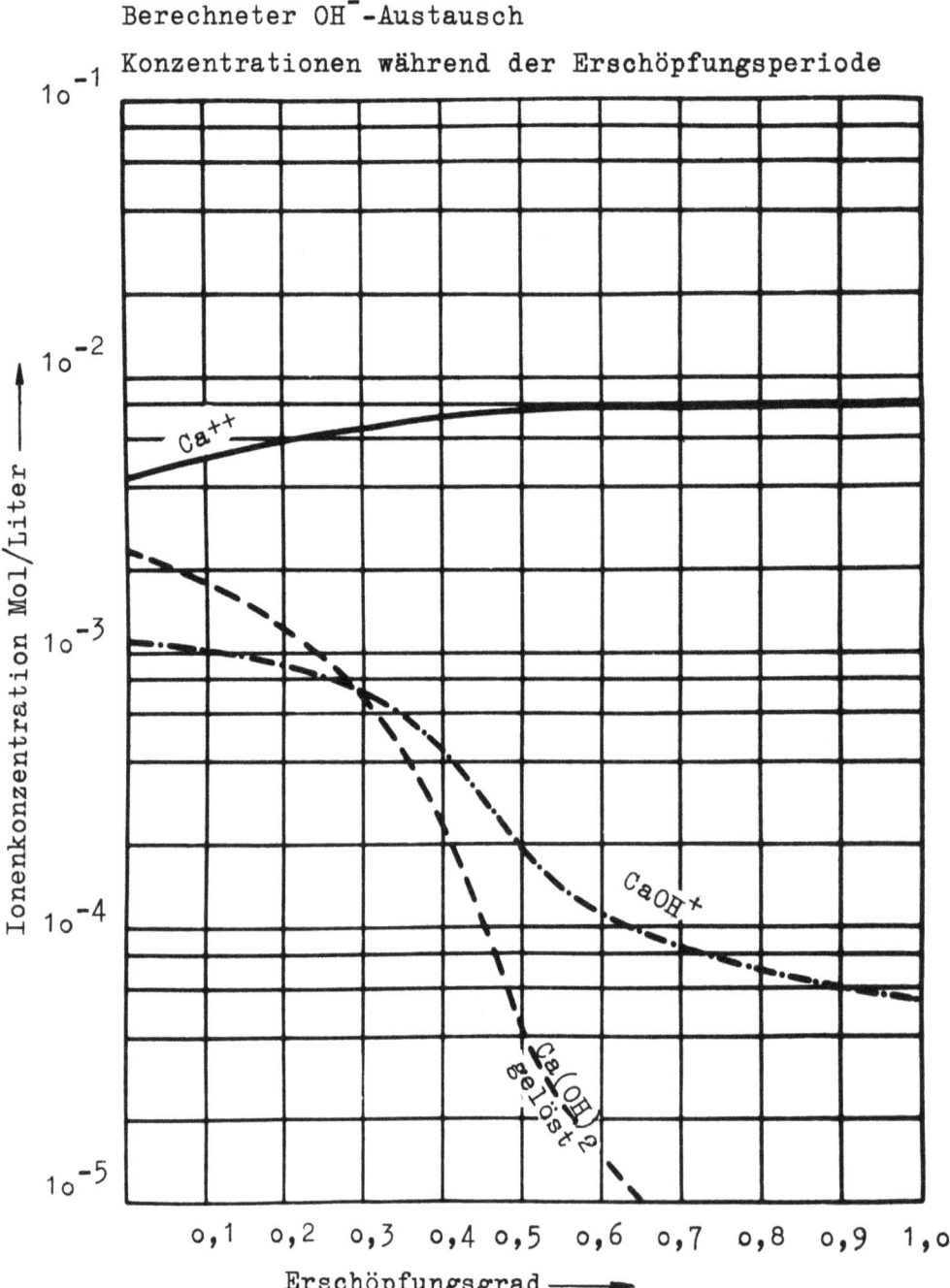

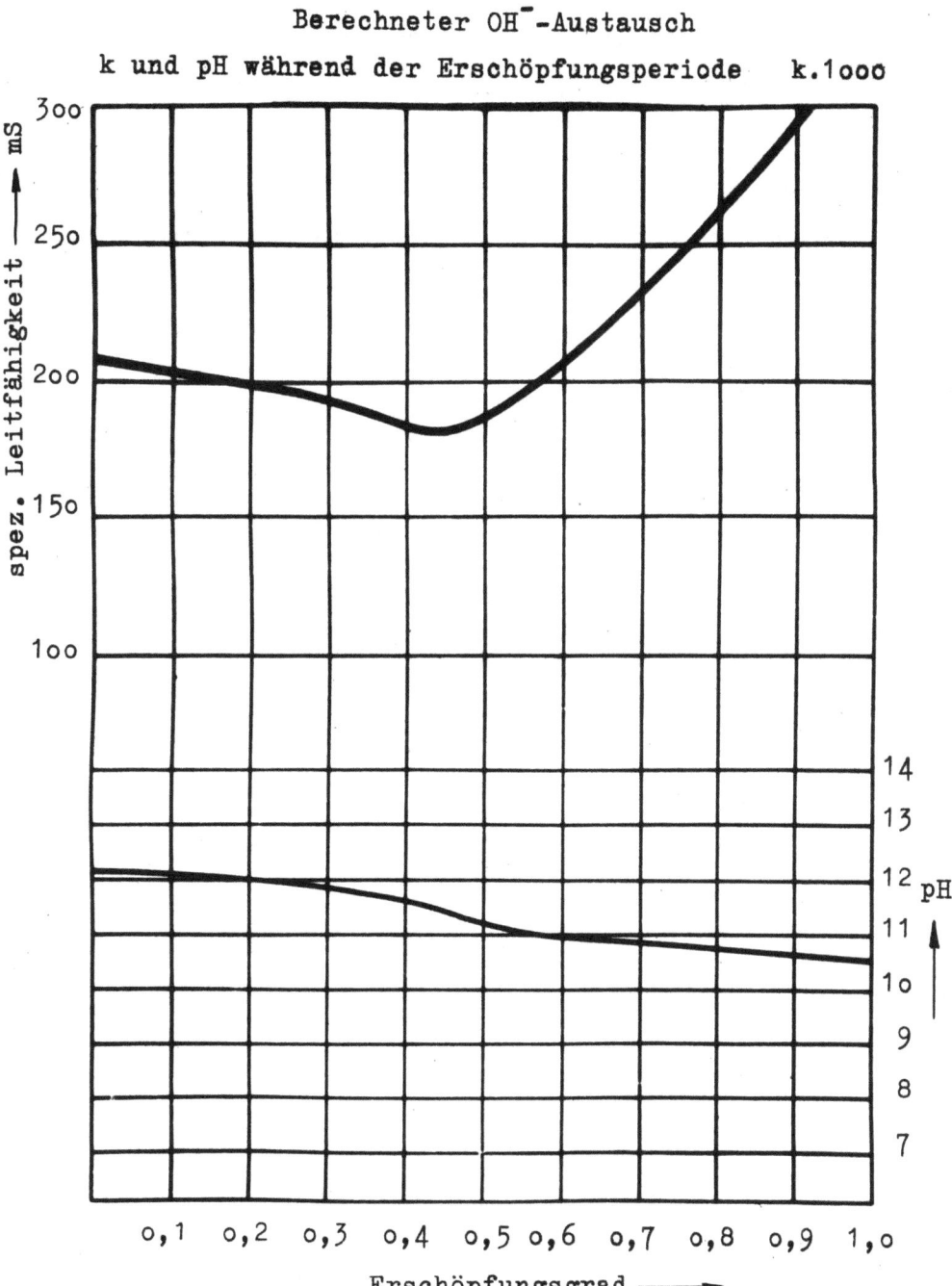

Abbildung 18

## V. Bedeutung der Ergebnisse

Es wurden Apparate entwickelt, welche die schnelle Bewertung von Ionenaustauschern in der Aufbereitung des Kesselspeisewassers und die Bestimmung von Kohlensäurespuren im Kesselspeisewasser gestatten. Ihre Bedienung ist einfach, so daß sie von angelerntem Personal übernommen werden kann.

Die Nutzbarmachung der Meßdaten wurde durch den Einsatz eines besonderen Rechenverfahrens ermöglicht. Dieses Rechenverfahren liefert vollständige Aussagen über das untersuchte Wasser, die sich in übersichtliche graphische Darstellungen bringen lassen. Die Meßdaten können dann auch von technischem Hilfspersonal sinnvoll ausgewertet werden.

Die Bedeutung der erzielten Resultate kam in Berichten zum Ausdruck, die vor dem Wasserausschuß des VGB in der Sitzung vom 29. bis 31. Oktober 1952 zu Boppard erstattet wurden und zu einer lebhaften Diskussion führten.

Die Apparate stehen verwendungsbereit im Chemisch-technischen Institut der Technischen Hochschule Aachen, wo sie von Interessenten aus der Industrie jederzeit benutzt werden können.

Die Ergebnisse der Untersuchungen werden der breiten Öffentlichkeit in Publikationen zugänglich gemacht werden, die z.T. bereits im Druck sind.

Durch die in diesem Bericht dargelegten bisherigen Arbeiten des Institutes ist eine Grundlage geschaffen, auf der weitere Probleme der Technologie des Wassers in der Energiewirtschaft mit Erfolg bearbeitet werden können.

Prof. Dr. phil. W. FUCHS
Direktor des Instituts für chemische
Technologie der Technischen Hochschule
Aachen

# FORSCHUNGSBERICHTE DES WIRTSCHAFTS- UND VERKEHRSMINISTERIUMS NORDRHEIN-WESTFALEN

Herausgegeben von Ministerialdirektor Prof. Leo Brandt

Heft 1:
Prof. Dr.-Ing. Eugen Flegler, Aachen,
Untersuchungen oxydischer Ferromagnet-Werkstoffe

Heft 2:
Prof. Dr. phil. Walter Fuchs, Aachen,
Untersuchungen über absatzfreie Teeröle

Heft 3:
Techn.-Wissenschaftl. Büro für die Bastfaserindustrie, Bielefeld,
Untersuchungsarbeiten zur Verbesserung des Leinenwebstuhls

Heft 4:
Prof. Dr. E. A. Müller u. Dipl.-Ing. H. Spitzer, Dortmund,
Untersuchungen über die Hitzebelastung in Hüttenbetrieben

Heft 5:
Dipl.-Ing. Werner Fister, Aachen,
Prüfstand der Turbinenuntersuchungen

Heft 6:
Prof. Dr. phil. Walter Fuchs, Aachen,
Untersuchungen über die Zusammensetzung und Verwendbarkeit von Schwelteerfraktionen

Heft 7:
Prof. Dr. phil. Walter Fuchs, Aachen,
Untersuchungen über emsländisches Petrolatum

Heft 8:
Maria Elisabeth Meffert und Heinz Stratmann, Essen
Algen-Großkulturen im Sommer 1951

Heft 9:
Techn.-Wissenschaftl. Büro für die Bastfaserindustrie, Bielefeld,
Untersuchungen über die zweckmäßige Wicklungsart von Leinengarnkreuzspulen unter Berücksichtigung der Anwendung hoher Geschwindigkeiten des Garnes
Vorversuche für Zetteln und Schären von Leinengarnen auf Hochleistungsmaschinen

Heft 10:
Prof. Dr. Wilhelm Vogel, Köln,
„Das Streifenpaar" als neues System zur mechanischen Vergrößerung kleiner Verschiebungen und seine technischen Anwendungsmöglichkeiten

Heft 11:
Laboratorium für Werkzeugmaschinen und Betriebslehre, Technische Hochschule Aachen,
1. Untersuchungen über Metallbearbeitung im Fräsvorgang mit Hartmetallwerkzeugen und negativem Spanwinkel
2. Weiterentwicklung des Schleifverfahrens für die Herstellung von Präzisionswerkstücken unter Vermeidung hoher Temperaturen
3. Untersuchung von Oberflächenveredlungsverfahren zur Steigerung der Belastbarkeit hochbeanspruchter Bauteile

Heft 12:
Elektrowärme-Institut, Langenberg (Rhld.),
Induktive Erwärmung mit Netzfrequenz

Heft 13:
Techn.-Wissenschaftl. Büro für die Bastfaserindustrie, Bielefeld,
Das Naßspinnen von Bastfasergarnen mit chemischen Zusätzen zum Spinnbad

**Heft 14:**
Forschungsstelle für Acetylen, Dortmund,
Untersuchungen über Aceton als Lösungsmittel für Acetylen

**Heft 15:**
Wäschereiforschung Krefeld,
Trocknen von Wäschestoffen

**Heft 16:**
Max-Planck-Institut für Kohlenforschung, Mülheim a. d. Ruhr,
Arbeiten des MPI für Kohlenforschung

**Heft 17:**
Ingenieurbüro Herbert Stein, M. Gladbach,
Untersuchung der Verzugsvorgänge in den Streckwerken verschiedener Spinnereimaschinen. 1. Bericht:
Vergleichende Prüfung mit verschiedenen Dickenmeßgeräten

**Heft 18:**
Wäschereiforschung Krefeld,
Grundlagen zur Erfassung der chemischen Schädigung beim Waschen

**Heft 19:**
Techn.-Wissenschaftl. Büro für die Bastfaserindustrie, Bielefeld,
Die Auswirkung des Schlichtens von Leinengarnketten auf den Verarbeitungswirkungsgrad, sowie die Festigkeits- und Dehnungsverhältnisse der Garne und Gewebe

**Heft 20:**
Techn.-Wissenschaftl. Büro für die Bastfaserindustrie, Bielefeld,
Trocknung von Leinengarnen I
Vorgang und Einwirkung auf die Garnqualität

**Heft 21:**
Techn.-Wissenschaftl. Büro für die Bastfaserindustrie, Bielefeld,
Trocknung von Leinengarnen II
Spulenanordnung und Luftführung beim Trocknen von Kreuzspulen

**Heft 22:**
Techn.-Wissenschaftl. Büro für die Bastfaserindustrie, Bielefeld,
Die Reparaturanfälligkeit von Webstühlen

**Heft 23:**
Institut für Starkstromtechnik, Aachen,
Rechnerische und experimentelle Untersuchungen zur Kenntnis der Metadyne als Umformer von konstanter Spannung auf konstanten Strom

**Heft 24:**
Institut für Starkstromtechnik, Aachen,
Vergleich verschiedener Generator-Metadyne-Schaltungen in bezug auf statisches Verhalten

**Heft 25:**
Gesellschaft für Kohlentechnik mbH., Dortmund-Eving,
Struktur der Steinkohlen und Steinkohlen-Kokse

**Heft 26:**
Techn.-Wissenschaftl. Büro für die Bastfaserindustrie, Bielefeld,
Vergleichende Untersuchungen zweier neuzeitlicher Ungleichmäßigkeitsprüfer für Bänder und Garne hinsichtlich Ihrer Eignung für die Bastfaserspinnerei

**Heft 27:**
Prof. Dr E. Schratz, Münster,
Untersuchungen zur Rentabilität des Arzneipflanzenanbaues
Römische Kamille, Anthemis nobilis L.

**Heft: 28:**
Prof. Dr. E. Schratz, Münster,
Calendula officinalis L.
Studien zur Ernährung, Blütenfüllung und Rentabilität der Drogengewinnung

**Heft 29:**
Techn.-Wissenschaftl. Büro für die Bastfaserindustrie, Bielefeld,
Die Ausnützung der Leinengarne in Geweben

**Heft 30:**
Gesellschaft für Kohlentechnik mbH., Dortmund-Eving,
Kombinierte Entaschung und Verschwelung von Steinkohle; Aufarbeitung von Steinkohlenschlämmen zu verkokbarer oder verschwelbarer Kohle

**Heft 31:**
Dipl.-Ing. Störmann, Essen,
Messung des Leistungsbedarfs von Doppelsteg-Kettenförderern

**Heft 32:**
Techn.-Wissenschaftl. Büro für die Bastfaserindustrie, Bielefeld,
Der Einfluß der Natriumchloridbleiche auf Qualität und Verwebbarkeit von Leinengarnen und die Eigenschaften der Leinengewebe unter besonderer Berücksichtigung des Einsatzes von Schützen- und Spulenwechselautomaten in der Leinenweberei

**Heft 33:**
Kohlenstoffbiologische Forschungsstation e. V.,
Eine Methode zur Bestimmung von Schwefeldioxyd und Schwefelwasserstoff in Rauchgasen und in der Atmosphäre

**Heft 34:**
Textilforschungsanstalt Krefeld,
Quellungs- und Entquellungsvorgänge bei Faserstoffen

**Heft 35:**
Professor Dr. Wilhelm Kast, Krefeld,
Feinstrukturuntersuchungen an künstlichen Zellulosefasern verschiedener Herstellungsverfahren

**Heft 36:**
Forschungsinstitut der feuerfesten Industrie, Bonn,
Untersuchungen über die Trocknung von Rohton. Untersuchungen über die chemische Reinigung von Silika- und Schamotte-Rohstoffen mit chlorhaltigen Gasen

**Heft 37:**
Forschungsinstitut der feuerfesten Industrie, Bonn,
Untersuchungen über den Einfluß der Probenvorbereitung auf die Kaltdruckfestigkeit feuerfester Steine

**Heft 38:**
Forschungsstelle für Acetylen, Dortmund,
Untersuchungen über die Trocknung von Acetylen zur Herstellung von Dissousgas

**Heft 39:**
Forschungsgesellschaft Blechverarbeitung e. V., Düsseldorf,
Untersuchungen an prägegemusterten und vorgelochten Blechen

**Heft 40:**
Landesgeologe Dr.-Ing. W. Wolff, Amt für Bodenforschung, Krefeld,
Untersuchungen über die Anwendbarkeit geophysikalischer Verfahren zur Untersuchung von Spateisengängen im Siegerland

**Heft 41:**
Techn.-Wissenschaftl. Büro für die Bastfaserindustrie, Bielefeld,
Untersuchungsarbeiten zur Verbesserung des Leinenwebstuhles II

**Heft 42:**
Professor Dr. Burckhardt Helferich, Bonn,
Untersuchungen über Wirkstoffe — Fermente — in der Kartoffel und die Möglichkeit ihrer Verwendung

**Heft 43:**
Forschungsgesellschaft Blechverarbeitung e. V., Düsseldorf,
Forschungsergebnisse über das Beizen von Blechen

**Heft 44:**
Arbeitsgemeinschaft für praktische Dehnungsmessung, Düsseldorf,
Eigenschaften und Anwendungen von Dehnungsmeßstreifen

**Heft 45:**
Losenhausenwerk Düsseldorfer Maschinenbau AG., Düsseldorf,
Untersuchungen von störenden Einflüssen auf die Lastgrenzenanzeige von Dauerschwingprüfmaschinen

**Heft 46:**
Professor Dr. phil. W. Fuchs, Aachen,
Untersuchungen über die Aufbereitung von Wasser für die Dampferzeugung in Benson-Kesseln

**Heft 47:**
Prof. Dr.-Ing. habil. Karl Krekeler, Aachen,
Versuche über die Anwendung der induktiven Erwärmung zum Sintern von hochschmelzenden Metallen sowie zur Anlegierung und Vergütung von aufgespritzten Metallschichten mit dem Grundwerkstoff.

Heft 48:
Max-Planck-Institut für Eisenforschung, Düsseldorf,
Spektrochemische Analyse der Gefügebestandteile in Stählen nach ihrer Isolierung

Heft 49:
Max-Planck-Institut für Eisenforschung, Düsseldorf,
Untersuchungen über Ablauf der Desoxydation und die Bildung von Einschlüssen in Stählen

Heft 50:
Max-Planck-Institut für Eisenforschung, Düsseldorf,
Flammenspektralanalytische Untersuchung der Ferritzusammensetzung in Stählen

Heft 51:
Verein zur Förderung von Forschungs- und Entwicklungsarbeiten in der Werkzeugindustrie e. V., Remscheid,
Untersuchungen an Kreissägeblättern für Holz, Fehler- und Spannungsprüfverfahren

Heft 52:
Forschungsstelle für Azetylen, Dortmund,
Untersuchungen über den Umsatz bei der explosiblen Zersetzung von Azetylen
  a) Zersetzung von gasförmigem Azetylen,
  b) Zersetzung von an Silikagel adsorbiertem Azetylen

Heft 53:
Professor Dr.-Ing. H. Opitz, Aachen,
Reibwert- und Verschleißmessungen an Kunststoffgleitführungen für Werkzeugmaschinen

Heft 54:
Professor Dr.-Ing. habil. F. A. F. Schmidt, Aachen,
Schaffung von Grundlagen für die Erhöhung der spez. Leistung und Herabsetzung des spez. Brennstoffverbrauches bei Ottomotoren mit Teilbericht über Arbeiten an einem neuen Einspritzverfahren

Heft 55:
Forschungsgesellschaft Blechverarbeitung, Düsseldorf,
Chemisches Glänzen von Messing und Neusilber

Heft 56:
Forschungsgesellschaft Blechverarbeitung, Düsseldorf,
Untersuchungen über einige Probleme der Behandlung von Blechoberflächen

Heft 57:
Prof. Dr.-Ing. habil. F. A. F. Schmidt, Aachen,
Untersuchungen zur Erforschung des Einflusses des chemischen Aufbaues des Kraftstoffes auf sein Verhalten im Motor und in Brennkammern von Gasturbinen.

Heft 58:
Gesellschaft für Kohlentechnik m. b. H., Dortmund,
Herstellung und Untersuchung von Steinkohlenschwelteer.

# VERÖFFENTLICHUNGEN DER ARBEITSGEMEINSCHAFT FÜR FORSCHUNG DES LANDES NORDRHEIN-WESTFALEN

Im Auftrage des Ministerpräsidenten Karl Arnold

Herausgegeben von Ministerialdirektor Prof. Leo Brandt

Heft 1:
Prof. Dr.-Ing. Friedrich Seewald, Technische Hochschule Aachen,
Neue Entwicklungen auf dem Gebiete der Antriebsmaschinen
Prof. Dr.-Ing. Friedrich A. F. Schmidt, Technische Hochschule Aachen,
Technischer Stand und Zukunftsaussichten der Verbrennungsmaschinen, insbesondere der Gasturbinen
Dr.-Ing. R. Friedrich, Siemens-Schuckert-Werke A.-G., Mülheimer Werk,
Möglichkeiten und Voraussetzungen der industriellen Verwertung der Gasturbine

Heft 2:
Prof. Dr.-Ing. Wolfgang Riezler, Universität Bonn,
Probleme der Kernphysik
Prof. Dr. phil. Fritz Micheel, Universität Münster,
Isotope als Forschungsmittel in der Chemie und Biochemie

Heft 3:
Prof. Dr. med. Emil Lehnartz, Universität Münster,
Der Chemismus der Muskelmaschine
Prof. Dr. med. Gunther Lehmann, Direktor des Max-Planck-Instituts für Arbeitsphysiologie, Dortmund,
Physiologische Forschung als Voraussetzung der Bestgestaltung der menschlichen Arbeit
Prof. Dr. Heinrich Kraut, Max-Planck-Institut für Arbeitsphysiologie, Dortmund,
Ernährung und Leistungsfähigkeit

Heft 4:
Prof. Dr. Franz Wever, Max-Planck-Institut für Eisenforschung, Düsseldorf,
Aufgaben der Eisenforschung
Prof. Dr.-Ing. Hermann Schenck, Technische Hochschule Aachen,
Entwicklungslinien des deutschen Eisenhüttenwesens
Prof. Dr.-Ing. Max Haas, Techn. Hochschule Aachen,
Wirtschaftliche und technische Bedeutung der Leichtmetalle und ihre Entwicklungsmöglichkeiten

Heft 5:
Prof. Dr. med. Walter Kikuth, Medizinische Akademie Düsseldorf,
Virusforschung
Prof. Dr. Rolf Danneel, Universität Bonn,
Fortschritte der Krebsforschung
Prof. Dr. med. Dr. phil. W. Schulemann, Univ. Bonn,
Wirtschaftliche und organisatorische Gesichtspunkte für die Verbesserung unserer Hochschulforschung

Heft 6:
Prof. Dr. Walter Weizel, Institut für theoretische Physik, Bonn,
Die gegenwärtige Situation der Grundlagenforschung in der Physik
Prof. Dr. Siegfried Strugger, Universität Münster,
Das Duplikantenproblem in der Biologie
Prof. Dr. Rolf Danneel, Universität Bonn,
Über das Verhalten der Mitochondrien bei der Mitose der Mesenchymzellen des Hühner-Embryos
Direktor Dr. Fritz Gummert, Ruhrgas A.-G., Essen,
Überlegungen zu den Faktoren Raum und Zeit im biologischen Geschehen und Möglichkeiten einer Nutzanwendung

**Heft 7:**
Prof. Dr.-Ing. August Götte, Technische Hochschule Aachen,
Steinkohle als Rohstoff und Energiequelle
Prof. Dr. e. h. Karl Ziegler, Max-Planck-Institut für Kohlenforschung Mülheim a. d. Ruhr,
Über Arbeiten des Max-Planck-Instituts für Kohlenforschung

**Heft 8:**
Prof. Dr.-Ing. Wilhelm Fucks, Technische Hochschule Aachen,
Die Naturwissenschaft, die Technik und der Mensch
Prof. Dr. sc. pol. Walther Hoffmann, Universität Münster,
Wirtschaftliche und soziologische Probleme des technischen Fortschritts

**Heft 9:**
Prof. Dr.-Ing. Franz Bollenrath, Technische Hochschule Aachen,
Zur Entwicklung warmfester Werkstoffe
Dr. Heinrich Kaiser, Staatl. Materialprüfungsamt Dortmund,
Stand spektralanalytischer Prüfverfahren und Folgerung für deutsche Verhältnisse

**Heft 10:**
Prof. Dr. Hans Braun, Universität Bonn,
Möglichkeiten und Grenzen der Resistenzzüchtung
Prof. Dr.-Ing. Carl Heinrich Dencker, Universität Bonn,
Der Weg der Landwirtschaft von der Energieautarkie zur Fremdenergie

**Heft 11:**
Prof. Dr.-Ing. Herwart Opitz, Technische Hochschule Aachen,
Entwicklungslinien der Fertigungstechnik in der Metallbearbeitung
Prof. Dr.-Ing. Karl Krekeler, Technische Hochschule Aachen,
Stand und Aussichten der schweißtechnischen Fertigungsverfahren

**Heft: 12**
Dr. Hermann Rathert, Mitglied des Vorstandes der Vereinigten Glanzstoff-Fabriken A.-G., Wuppertal-Elberfeld,
Entwicklung auf dem Gebiet der Chemiefaser-Herstellung
Prof. Dr. Wilhelm Weltzien, Direktor der Textilforschungsanstalt Krefeld,
Rohstoff und Veredlung in der Textilwirtschaft

**Heft: 13**
Dr.-Ing. e. h. Karl Herz, Chefingenieur im Bundesministerium für das Post- und Fernmeldewesen Frankfurt a. Main,
Die technischen Entwicklungstendenzen im elektrischen Nachrichtenwesen
Ministerialdirektor Dipl.-Ing. Leo Brandt, Düsseldorf,
Navigation und Luftsicherung

**Heft 14:**
Prof. Dr. Burckhardt Helferich, Universität Bonn,
Stand der Enzymchemie und ihre Bedeutung
Prof. Dr. med. Hugo W. Knipping, Direktor der Med. Universitätsklinik Köln,
Ausschnitt aus der klinischen Carcinomforschung am Beispiel des Lungenkrebses

**Heft 15:**
Prof. Dr. Abraham Esau, Technische Hochschule Aachen,
Die Bedeutung von Wellenimpulsverfahren in Technik und Natur
Prof. Dr.-Ing. Eugen Flegler, Technische Hochschule Aachen,
Die ferromagnetischen Werkstoffe in der Elektrotechnik und ihre neueste Entwicklung

**Heft 16.**
Prof. Dr. rer. pol. Rudolf Seyffert, Universität Köln,
Die Problematik der Distribution
Prof. Dr. rer. pol. Theodor Beste, Universität Köln,
Der Leistungslohn

**Heft 17·**
Prof. Dr.-Ing. Friedrich Seewald, Technische Hochschule Aachen,
Die Flugtechnik und ihre Bedeutung für den allgemeinen technischen Fortschritt
Prof. Dr.-Ing. Edouard Houdremont, Essen,
Art und Organisation der Forschung in einem Industriekonzern

Heft 18:
Prof. Dr. med. Dr. phil. W. Schulemann, Universität Bonn,
Theorie und Praxis pharmakologischer Forschung
Prof. Dr. Wilhelm Groth, Direktor des Physikalisch-Chemischen Instituts, Universität Bonn,
Technische Verfahren zur Isotopentrennung

Heft 19:
Dipl.-Ing. Kurt Traenckner, Stellvertr. Vorstandsmitglied der Ruhrgas-A.G., Essen,
Entwicklungstendenzen der Gaserzeugung

Heft 21:
Prof. Dr. phil. Robert Schwarz, Aachen,
Wesen und Bedeutung der Silicium-Chemie
Prof. Dr. Kurt Alder, Universität Köln,
Fortschritte in der Synthese von Kohlenstoffverbindungen

Heft 21 a
Jahresfeier der Arbeitsgemeinschaft für Forschung des Landes Nordrhein-Westfalen am 21. 5. 1952 in Düsseldorf mit Ansprachen des Herrn Bundespräsidenten Professor Dr. Theodor Heuss, des Herrn Ministerpräsidenten Arnold, Frau Kultusminister Teusch, der Herren Professor Dr. Hahn, Professor Dr. Strugger, Vizepräsident Dobbert, Professor Dr. Richter, Professor Dr. Fucks.

Heft 22:
Prof. Dr. Johannes von Allesch, Universität Göttingen,
Die Bedeutung der Psychologie im öffentlichen Leben
Prof. Dr. med. Otto Graf, Max-Planck-Institut für Arbeitsphysiologie, Dortmund,
Triebfedern menschlicher Leistung

Heft 23:
Prof. Dr. phil. Dr. jur. h. c. Bruno Kuske, Universität Köln,
Probleme der Raumforschung
Prof. Dr. Dr.-Ing. e. h. Prager,
Städtebau und Landesplanung

Heft 23 a:
M. Zvegintzov, Wissenschaftliche Forschung und die Auswertung ihrer Ergebnisse. Ziel und Tätigkeit der National Research Development Corporation

Dr. Alexander King, Department of Scientific & Industrial Research, London,
Wissenschaft und internationale Beziehungen

Heft 24:
Prof. Dr. Rolf Danneel, Universität Bonn,
Über die Wirkungsweise der Erbfaktoren
Prof. Dr. K. Herzog, Medizinische Akademie Düsseldorf,
Bewegungsbedarf der menschlichen Gliedmaßengelenke bei der Berufsarbeit

Heft 25:
Prof. Dr. O. Haxel, Heidelberg,
Energiegewinnung aus Kernprozessen
Dr. Dr. Max Wolf, Düsseldorf,
Gegenwartsprobleme der energiewirtschaftlichen Forschung

Heft 26:
Prof. Dr. Friedrich Becker, Universität Bonn,
Ultrakurzwellen aus dem Weltraum, ein neues Forschungsgebiet der Astronomie
Dozent Dr. H. Straßl, Bonn,
Bemerkenswerte Doppelsterne und das Problem der Sternentwicklung

Heft 27:
Prof. Dr. Heinrich Behnke, Universität Münster,
Der Strukturwandel der Mathematik in der ersten Hälfte des 20. Jahrhunderts
Prof. Dr. E. Sperner, Bonn,
Eine mathematische Analyse der Luftdruckverteilungen in großen Gebieten

Heft 28:
Prof. Dr. O. Niemczyk, Aachen,
Die Problematik gebirgsmechanischer Vorgänge im Steinkohlenbergbau
Prof. Dr. W. Ahrens, Krefeld,
Die Bedeutung geologischer Forschung für die Wirtschaft, besonders in Nordrhein-Westfalen

Heft 29:
Prof. Dr. B. Rensch, Münster,
Das Problem der Residuen bei Lernleistungen
Prof. Dr. H. Fink, Köln,
Über Leberschäden bei der Bestimmung des biologischen Wertes verschiedener Eiweiße von Mikroorganismen

Heft 30:
Prof. Dr.-Ing. F. Seewald, Aachen,
Forschungen auf dem Gebiete der Aerodynamik
Prof. Dr.-Ing. K. Leist, Aachen,
Forschungen in der Gasturbinentechnik

Heft 31:
Direktor Dr. F. Mietzsch, Wuppertal,
Chemie und wirtschaftliche Bedeutung der Sulfonamide
Prof. Dr. G. Domagk, Wuppertal,
Die experimentellen Grundlagen der Chemotherapie der bakteriellen Infektionen

Heft 32:
Prof. Dr. Hans Braun, Universität Bonn,
Die Verschleppung von Pflanzenkrankheiten und -schädlingen über die Welt
Prof. Dr. Wilhelm Rudorf, Max-Planck-Institut für Züchtungsforschung, Voldagsen,
Der Beitrag von Genetik und Züchtung zur Bekämpfung von Viruskrankheiten der Nutzpflanzen

Heft 33:
Prof. Dr.-Ing. V. Aschoff, Aachen,
Probleme der elektroakustischen Einkanalübertragung
Prof. Dr.-Ing. H. Döring, Aachen,
Erzeugung und Verstärkung von Mikrowellen

Heft 34:
Geheimrat Prof. Dr. Rudolf Schenck, Aachen,
Bedingungen und Gang der Kohlenhydratsynthese im Licht
Prof. Dr. Emil Lehnartz, Universität Münster,
Die Endstufen des Stoffabbaus im Organismus

Heft 35:
Prof. Dr.-Ing. H. Schenk, Aachen,
Gegenwartsprobleme der Eisenindustrie in Deutschland
Prof. Dr.-Ing. E. Piwowarsky, Aachen,
Gelöste und ungelöste Probleme des Gießereiwesens

Geisteswissenschaften

Heft 1:
Prof. Dr. W. Richter, Bonn,
Die Bedeutung der Geisteswissenschaften für die Bildung unserer Zeit
Prof. Dr. J. Ritter, Münster,
Die aristotelische Lehre vom Ursprung und Sinn der Theorie

Heft 2:
Prof. Dr. J. Kroll, Köln,
Elysium
Prof. Dr. G. Jachmann, Köln,
Die vierte Ekloge Vergils

Heft 3:
Prof. Dr. H. E. Stier, Münster,
Die klassische Demokratie

Heft 4:
Prof. Dr. W. Caskel, Köln,
Lihjan und Lihjanisch. Sprache und Kultur eines früharabischen Königreiches

Heft 5:
Prof. Dr. Th. Ohm, Münster,
Stammesreligionen im südlichen Tanganyika-Territorium. — Religionswissenschaftliche Ergebnisse meiner Ostafrikareise 1951

Heft 6:
Prälat Prof. Dr. G. Schreiber, Münster,
Deutsche Wissenschaftspolitik von Bismarck bis zum Atomphysiker Otto Hahn

Heft 7:
Prof. Dr. W. Holtzmann, Bonn,
Das mittelalterliche Imperium und die werdenden Nationen

Heft 8:
Prof. Dr. W. Caskel, Köln,
Die Bedeutung der Beduinen in der Geschichte der Araber

Heft 9:
Prälat Prof. Dr. G. Schreiber, Münster,
Iroschottische und angelsächsische Kultureinflüsse im Mittelalter

Heft 10:
Prof. Dr. P. Rassow, Köln,
Forschungen zur Reichsidee im 16. und 17. Jahrhundert

Heft 11:
Prof. Dr. H. E. Stier, Münster,
Roms Aufstieg zur Weltherrschaft

Heft 12:
Prof. Dr. D. K. H. Rengstorf, Münster,
Zum Problem der Gleichberechtigung zwischen Mann und Frau auf dem Boden des Urchristentums
Prof. Dr. H. Conrad, Bonn,
Grundprobleme einer Reform des Familienrechts

Heft 13:
Professor Dr. Max Braubach, Bonn,
Der Weg zum 20. Juli 1944 — Ein Forschungsbericht

Heft 14:
Prof. Dr. Paul Hübinger, Münster
Das deutsch-französische Verhältnis und seine mittelalterlichen Grundlagen

Heft 15:
Prof. Dr. Franz Steinbach, Bonn,
Der geschichtliche Weg des wirtschaftenden Menschen in die soziale Freiheit und politische Verantwortung

Heft 16:
Prof. Dr. Josef Koch, Köln,
Die Ars coniecturalis des Nikolaus von Cues

Heft 17:
Dr. James B. Conant,
U.S.-Hochkommissar für Deutschland,
Staatsbürger und Wissenschaftler
Prof. Dr. D. Karl Heinrich Rengstorf, Münster,
Antike und Christentum

Heft 18:
Prof. Dr. Richard Alewyn, Köln,
Klopstocks Publikum

Heft 19:
Prof. Dr. Fritz Schalk, Köln,
Das Lächerliche in der französischen Literatur des Ancien Régime

Heft 20:
Prof. Dr. Ludwig Raiser, Bad Godesberg,
Präsident der Deutschen Forschungsgemeinschaft
Rechtsfragen der Mitbestimmung

Heft 21:
Prof. D. Martin Noth, Bonn,
Das Geschichtsverständnis der alttestamentlichen Apokalyptik
Prof. Dr.-Ing. Wilhelm Fucks, Aachen
Einige Probleme aus der Theorie des Sprechens, der Sprachen und des Sprechstils in mathematischer Behandlung

MIX
Papier aus verantwortungsvollen Quellen
Paper from responsible sources
FSC® C105338

If you have any concerns about our products,
you can contact us on
**ProductSafety@springernature.com**

In case Publisher is established outside the EU,
the EU authorized representative is:
**Springer Nature Customer Service Center GmbH
Europaplatz 3, 69115 Heidelberg, Germany**

Printed by Libri Plureos GmbH
in Hamburg, Germany